Ingo Krawiec

Umgang mit Vorgesetzten

Profil entwickeln –
Beruflichen Erfolg steuern

W0109795

Cornelsen

Der Autor

Ingo Krawiec arbeitete nach dem Studium der Wirtschaftswissenschaft und Sozialpsychologie als Personalentwickler bei
Procter & Gamble. Seit 1993 ist er selbstständig und Geschäftsführer des Trainingsinstituts Krawiec Consulting.

Verlagsredaktion: Marlies Bocionek
Grafik und technische Umsetzung: Holger Stoldt, Düsseldorf
Umschlaggestaltung: Katrin Nehm
Titelfoto: © AGE/Mauritius

 www.cornelsen-berufskompetenz.de

1. Auflage   Druck 4 3 2 1   Jahr 08 07 06 05

Druck: Druckhaus Berlin-Mitte

ISBN 3-589-21962-9

Bestellnummer 219629

 Gedruckt auf säurefreiem Papier, umweltschonend
hergestellt aus chlorfrei gebleichten Faserstoffen.

Inhaltsverzeichnis

Einleitung

In meinen Seminaren begegnen mir immer wieder Teilnehmer, die sich über ihre Vorgesetzten beklagen. Sie sind unzufrieden über den Umgangston, die viele Arbeit, die ihrer Meinung nach schlechte Bezahlung und viele andere Dinge. Unabhängige Untersuchungen bestätigen leider das teilweise schlechte Betriebsklima in den Firmen. Sie zeigen auf, dass nur wenige Mitarbeiter mit ihren Vorgesetzten voll zufrieden sind. Kennen Sie diese Situation?

Nun, Sie können es beim Klagen und Jammern belassen, sich zurückziehen und sogar in die innere Kündigung gehen, oder aber Sie versuchen, aktiv etwas zu verändern. Sie sind nun mal auf Ihren Vorgesetzten angewiesen und müssen mit ihm zusammenarbeiten. Diese Zusammenarbeit sollte konstruktiv, partnerschaftlich und angenehm sein, damit vor allen Dingen Sie zufriedener in Ihrem Job arbeiten können. Ein gestörtes Verhältnis zwischen Chef und Mitarbeiter begünstigt unter anderem auch das Burnout-Syndrom im Berufsleben.

Wenn Mitarbeiter vor dieser Situation resignieren, geben Sie oft Ihrem Vorgesetzten die Schuld. Er sei autoritär, abwesend, oder führungsschwach. Vielleicht hat Ihr Vorgesetzter diese oder andere Fehler. Aber es hilft Ihnen nicht, sich in Selbstmitleid zu baden. Akzeptieren Sie die Tatsachen und machen Sie das Beste daraus. Erwarten Sie nicht, dass Ihr Chef sich verändert, sondern passen Sie Ihr Verhalten an die Situation an.

Bedenken Sie auch, die Ursachen einer schlechten Vorgesetzten-Mitarbeiter-Beziehung können sowohl im Verhalten des Mitarbeiters als auch im Verhalten des Vorgesetzten liegen. Es ist wie mit der Henne und dem Ei: Was war zuerst da? Es gehören immer zwei dazu, auch wenn der Chef natürlich der Mächtigere ist.

Dieses Buch versucht aufzuzeigen, was Sie konkret tun können, um die Beziehung zu Ihrem Chef zu verbessern. Die hier aufgeführten Tipps und Einsichten stammen sowohl aus hunderten von Seminaren mit Mitarbeitern und Führungskräften, die der Autor als Trainer durchgeführt hat, als auch aus eigenen Erfahrungen als Chef und Mitarbeiter. Es ist ein Buch aus der Praxis und für die Praxis. Es gibt viele psychologische Tipps, wie Sie mehr Führung „von unten" ausüben können und damit zu einer konstruktiven und befriedigenden Arbeitsbeziehung mit Ihrem Vorgesetzten kommen können.

Hierbei ist es nicht das Ziel, den Vorgesetzten zu manipulieren, sondern eine kooperative und faire Beziehung zum Chef aufzubauen, die zum beiderseitigen Vorteil gestaltet wird. Zu dieser Art der Beziehung gehört es auch, die beiderseitigen Stärken und Schwächen zu respektieren und zu akzeptieren.

Sie werden nicht alles, was hier steht, sofort umsetzen können, aber auch in kleinen Schritten können Sie eine wesentliche Verbesserung in der Beziehung zu Ihrem Vorgesetzten erreichen.

Aus Gründen einer besseren Lesbarkeit wird nur von dem Mitarbeiter, dem Vorgesetzten und dem Chef gesprochen. Selbstverständlich sind hier sowohl Frauen als auch Männer gemeint.

Ihr Ingo Krawiec

1 Grundhaltungen im Umgang mit dem/der Vorgesetzten

Was Sie verändern können

Haltungen und Sichtweisen beeinflussen die Art und Weise wie wir mit anderen kommunizieren. Dies gilt natürlich auch für Gespräche mit unserem Vorgesetzten. Manche Mitarbeiter neigen leider dazu, sich bei solchen Gesprächen klein zu machen und als Opfer zu fühlen.

> Wenn wir Opfer sind, sind wir auch ein Stück weit handlungsunfähig, da wir warten, bis irgendeine höhere Instanz uns hilft oder eine Veränderung von außen eintritt.

Viele Mitarbeiter haben die Tendenz, den Vorgesetzten ändern zu wollen, oder die Einstellung „Wenn mein Vorgesetzter nur anders wäre, würde vieles einfacher sein." Dieses Warten, Beklagen und Sich-als-Opfer-Fühlen ist menschlich höchst verständlich und nachvollziehbar. Dies gilt umso mehr, wenn man schon erste Verletzungen vom Vorgesetzten erlebt hat.

Heute findet man alle möglichen Arten von Vorgesetzten. Manche machen vielleicht aus unserer Sicht einen schlechten Job. Von Mitarbeitern wird häufig beklagt, Ihr Chef sei

◆ arrogant,
◆ herablassend,
◆ machthungrig,
◆ distanziert,
◆ cholerisch,
◆ karrieresüchtig,
◆ oberflächlich und
◆ zahlenverliebt.

Wobei man auch durchaus positive Erfahrungen mit Chefs machen kann.

Es gibt immer wieder Mitarbeiter, die mit Ihren Vorgesetzten zufrieden sind, weil diese

◆ kooperativ,
◆ wertschätzend,
◆ glaubwürdig,
◆ unterstützend,
◆ geradlinig,
◆ gerecht,
◆ herzlich,
◆ menschlich usw. sind.

Auch wenn Ihr Chef eher negative Züge hat, dürfen Sie nicht in der Ecke sitzen und warten, bis die gute Fee kommt und einen neuen Chef herbeizaubert. Nur wenn Sie sich als eigenverantwortlichen Mitarbeiter erleben, können Sie vielleicht nicht den Chef, aber zumindest den Umgang mit ihm verändern.

> Zu einer Beziehung gehören immer zwei und Sie haben die Möglichkeit, Einfluss zu nehmen. Nutzen Sie die Chance, selbst etwas zu verändern.

Die nachfolgenden Kapitel sollen Ihnen helfen, eine andere Einstellung im Umgang mit Ihrem Chef zu erlangen und das Verhältnis zwischen ihm und Ihnen unter anderen Gesichtspunkten zu betrachten. Auch wenn Sie mit Ihrem Chef zufrieden sind, kann es Ihnen dabei helfen, Ihre Chefbeziehung zu verbessern.

Wie sieht es bei Ihnen aus? Was stört Sie und was schätzen Sie an Ihrem Chef?

_____

_____

_____

_____

1.1   Der Vorgesetzte als Kunde

Kundenorientierung ist in aller Munde. In gewisser Weise ist Ihr Vorgesetzter auch ein Kunde von Ihnen. Vielleicht Ihr wichtigster. Er erteilt Ihnen Aufträge, die Sie ausführen. Sie bekommen, vielleicht nicht direkt von ihm, sondern über die Firma, Geld für Ihre Leistungen. Er kann die Qualität Ihrer Leistung beurteilen (z.B. über das Mitarbeitergespräch) und deren Entlohnung über das Gehalt beeinflussen. Wenn Ihr Chef der Meinung ist, dass Ihre Leistung nicht mehr gebraucht wird, müssen Sie vielleicht in einen anderen Bereich wechseln oder sogar das Unternehmen verlassen.

Damit hat Ihr Vorgesetzter natürlich auch viel Macht über Sie. Umgekehrt ist Ihr Chef aber ebenso von Ihren Leistungen abhängig. Wenn Sie diese Leistungen nicht erbringen, kann auch er seine Ziele nicht erreichen. Er ist in besonderem Maße auf Sie angewiesen, wenn Sie Spezialist in irgendeinem Bereich sind.

Der Gedanke, dass Ihr Chef ein Kunde ist, ist insofern hilfreich, da Sie die Beziehung dadurch etwas distanzierter betrachten können und eine andere Denkrichtung bekommen. Wenn Ihr Kunde zufrieden ist, haben Sie als Lieferant natürlich auch etwas davon (z.B. mehr Gehalt, bessere Position im Team). Auch wenn Sie eigentlich unzufrieden mit Ihrem Chef sind, ist er schließlich Ihr Kunde und somit die wichtigste Person in Ihrem Job.

Optimal ist es, wenn die Kunden-Lieferanten-Beziehung für beide von Vorteil ist. Der Gedanke des Kunden ist etwas gefälliger als der eines Chefs, der einem einfach „vorgesetzt" wurde.

Kundenorientierung heißt nicht, unterwürfig zu sein

Als Mitarbeiter sollten Sie, im übertragenen Sinne, natürlich kundenorientiert arbeiten. Diese Kundenorientierung darf aber nicht in Unterwürfigkeit ausarten. Sonst erlangen Sie am Ende nur die Missachtung Ihres Chefs.

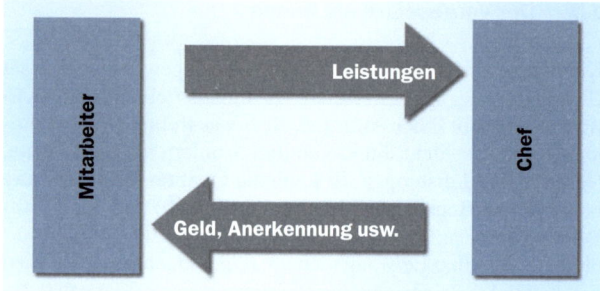

Die Kunden-Lieferanten-Beziehung zum Vorgesetzten

Kundenorientierung heißt auch Beratung und Unterstützung, aber auch das Setzen von Grenzen. Dies gilt ganz besonders für den Umgang mit dem Vorgesetzten. Das Modell des englischen Butlers ist hier sehr hilfreich. Dieser versucht seine Gäste zufrieden zu stellen, setzt aber deutliche Grenzen, wenn die Gäste rüpelhaft sind und gewisse Spielregeln nicht beachten. Dies kann auch für Sie im Umgang mit Ihrem Chef eine gute Orientierung sein: Auf der einen Seite sich auf die Ziele und Bedürfnisse des Vorgesetzten einzustellen und gleichzeitig bestimmte eigene Grenzen deutlich zu machen, um kein Fähnlein im Wind zu sein. Wer sich klein macht, wird von anderen auch entsprechend behandelt. Formulieren Sie klar, was Sie wollen und was Sie nicht wollen.

Klären Sie, was Ihr Kunde (Chef) will.

Voraussetzung für eine funktionierende Kunden-Lieferanten-Beziehung ist, dass Sie ganz genau wissen, was Ihr Vorgesetzter von Ihnen erwartet. Wenn dies nicht klar kommuniziert wird, kann es leicht zu Missverständnissen kommen. Sie konzentrieren beispielsweise Ihre ganze Energie auf eine bestimmte Aufgabe, aber Ihr Vorgesetzter erwartet etwas ganz anderes von Ihnen. Auch können Befugnisse und Verantwortlichkeiten nicht klar geregelt sein.

Um solche Missverständnisse zu vermeiden und Aufgaben und Kompetenzen festzulegen, kann zum Beispiel das jährliche Mitarbeitergespräch oder eine Zielvereinbarung helfen. Wenn dies nicht in Ihrem Unternehmen installiert ist, fordern Sie ein solches Mitarbeitergespräch ein, bei dem Ihr Vorgesetzter genau formuliert, was er von Ihnen erwartet. Gleichzeitig können Sie als Lieferant auch formulieren, was Sie brauchen, um diese Ziele zu erreichen.

Denkbar sind hier Unterstützungen wie z.B. Arbeitsmaterialien, Kompetenzen oder Schulungen. Achten Sie darauf, keine überzogenen Forderungen zu stellen.

> Finden Sie heraus, was Ihr Chef braucht und wie Sie es ihm liefern können. Betreiben Sie „Marktforschung".

Was sind die spezifischen Bedürfnisse Ihres Chefs?
Geschäftliche Beziehungen sind immer von einem Geben und Nehmen geprägt, je mehr Sie geben, umso mehr können Sie auch verlangen.

> Verbessern Sie Ihren Kundenservice.

Fragen zur Kunden-Lieferanten-Beziehung – konkret bezogen auf das Verhältnis Chef–Mitarbeiter:

a) In die eine Richtung:
◆ Welche Leistungen erwartet Ihr Vorgesetzter von Ihnen?
◆ Welche Bedürfnisse und Vorlieben hat er?
◆ Wann wird er ärgerlich?
◆ Wann freut er sich?
◆ Was erwartet er von Ihnen?
◆ Welche Ziele hat er?

b) In die andere Richtung:
◆ Was erwarten Sie von Ihrem Chef?
◆ An welchen Stellen brauchen Sie Unterstützung?
◆ Wann setzen Sie gegenüber Ihrem Vorgesetzten Ihrerseits Grenzen?

1.2   Das Wetter kann man nicht ändern

„Es gibt kein schlechtes Wetter, es gibt nur die falsche Kleidung!" (Volksweisheit)

Bleiben wir einen Moment beim Wetter: Es kann gut sein oder schlecht. Aber wir sind ihm ausgesetzt und können es nicht verändern. Auch wenn viele schon versucht haben, z.B. durch indianische Regentänze oder andere Rituale darauf Einfluss zu nehmen, haben diese Versuche eher zufällige Ergebnisse. Also passen Sie die Kleidung dem Wetter an.

Ähnlich scheint es mit unseren Vorgesetzten zu sein. Es gibt gute und schlechte. Mancher scheint trotz vieler Führungstrainings und Rückmeldungen durch Mitarbeiterbefragungen der Alte zu bleiben.

Aber was können Sie tun, wenn die vielen Veränderungsversuche bei Ihrem Vorgesetzten nicht helfen? Wie könnte die Schlechtwetter-Kleidung hinsichtlich des Vorgesetzten aussehen?

Es ist hilfreich, zunächst Ihren Vorgesetzten mit allen seinen Macken und Stärken zu akzeptieren. Sozusagen von seiner „Nichtveränderbarkeit" auszugehen. Dann können Sie sich überlegen, wie Sie sich auf Ihren Vorgesetzten bzw. diese Wettersituation am besten einstellen können. Sie suchen sich die beste Kleidung, um mit Ihrem Vorgesetzten auszukommen.

Am Rande bemerkt: Ein solches „Sich-Einstellen" auf unabänderliche Verhältnisse ist im Management üblich. Man verschwendet keine Kraft darauf, Dinge ändern zu wollen, die sich nicht ändern lassen, sondern bündelt seine Kräfte darauf, unter den gegebenen Bedingungen das Beste daraus zu machen. Diese Empfehlung besteht beispielsweise auch zu Steuer- oder Rechtsregelungen.

Stellen Sie sich die Situation vor, Sie haben einen Termin mit Ihrem Vorgesetzten und er telefoniert noch. Wollen Sie eine halbe Stunde warten oder Ihn vielleicht höflich fragen, ob Sie später kommen sollen? Eine direkte Frage zu stellen, wäre hier das passende Verhalten. Andere Vorgesetzte vergessen vielleicht immer wieder Ihr Anliegen. Schlechtwetter-Verhalten könnte sein, Ihren Vorgesetzten immer wieder an Ihr Anliegen zu erinnern.

Stellen Sie sich folgende Fragen:
- Wie könnte diese Kleidung bei Ihnen aussehen?
- Was können Sie tun, um mit Ihrem Vorgesetzten besser klarzukommen?
- Welche Verhaltensweisen haben bei Ihrem Vorgesetzten in der Vergangenheit erfolgreich gewirkt?
- Gibt es bisher Situationen, wo sie Ihre Absichten gegenüber Ihrem Vorgesetzten erfolgreich realisiert haben?
- Was haben Sie getan, wenn Sie Dinge durchsetzen wollten?
- Was haben Sie oder andere getan, wenn Sie sich erfolgreich abgegrenzt haben?
- Welche Dinge waren vielleicht weniger wirksam?

Listen Sie alle Verhaltensweisen genau auf, denn einige haben sich im Umgang mit Ihrem Vorgesetzten bereits bewährt. Versuchen Sie, diese Verhaltensweisen in Zukunft häufiger und bewusster einzusetzen, um Ihre Ziele besser zu erreichen. Tasten Sie sich über Versuch-und-Irrtum heran.

> Wenn eine Verhaltensweise nicht funktioniert, probieren Sie kreativ eine andere aus.

Nehmen wir nochmals obiges Beispiel, wir haben einen Termin mit dem Vorgesetzten, aber dieser telefoniert. Wenn das höfliche Ansprechen nicht funktioniert, was können Sie sonst tun? Vielleicht können Sie das Problem in einem längeren Gespräch später direkt ansprechen oder ihn bitten, Sie anzurufen, wenn er fertig ist.

1.3 Hierarchie akzeptieren

In fast allen Unternehmen gibt es Hierarchien. Hierarchien regeln Über- und Unterstellungsverhältnisse. Hierarchie heißt übersetzt „Rangfolge" und „Rangordnung". Ihr Vorgesetzter ist Teil dieser Ordnung und wurde von jemandem als Vorgesetzter ausgewählt und kann Ihnen nun Ziele setzen und Anweisungen geben. Nicht jeder akzeptiert diese Weisungsbefugnis. Vor allem dann nicht, wenn der Vorgesetzte aus den eigenen Reihen kommt und bis vor kurzem noch ein Kollege war. Auch zweifelt mancher, ob der Vorgesetzte überhaupt fachlich kompetent ist und/oder über den notwendigen Schuss Sozialkompetenz verfügt. Mancher Vorgesetzte ist vielleicht über Vitamin B wie Beziehungen in diese Position gerückt. Vielleicht hätten wir ja früher oder später auch gerne diese Vorgesetzten-Position eingenommen.

Realität ist aber, dass genau dieser Vorgesetzte, jetzt sagen kann, wo es langgeht. Dies löst oft Widerstände und Unbehagen in uns aus. Jedoch müssen Sie diese Situation irgendwie akzeptieren.

> Ein Vorgesetzter wird zum Vorgesetzten, weil dies vom Unternehmen so entschieden wurde.

Es kann in der Leistung Ihres Vorgesetzten begründet sein. Oder es kann auch einfach an einer guten Beziehung Ihres Chefs zu den Verantwortlichen liegen.

Egal wie es gelaufen ist, in der jetzigen Situation ist es sinnvoll, zunächst die Situation so zu akzeptieren und anzunehmen, wie sie ist. Auch wenn der Vorgesetzte früher Ihr Kollege war, ist er jetzt Ihr Vorgesetzter. Sie können dann immer noch überlegen, ob Sie Ihre Konsequenzen ziehen und das Unternehmen verlassen wollen.

Natürlich können Sie mit Ihrem Vorgesetzten diese Situation in einem Gespräch unter vier Augen ansprechen und Ihren Unmut äußern. Es macht auch Sinn, Ihre eigenen Ambitionen offen zu legen. Jedoch bleibt zunächst die Situation, wie Sie ist.

Wenn Sie versuchen, offen oder verdeckt, die Rolle Ihres Vorgesetzten anzugreifen, wird er von seiner Macht Gebrauch machen. Dies könnte damit enden, dass Sie die Stelle wechseln oder sogar das Unternehmen. Hierarchie akzeptieren heißt nicht, mit allem einverstanden zu sein, sondern die Rolle des Vorgesetzten zu akzeptieren.

1.4 Zwei Erwachsene unterhalten sich

Wenn wir mit unserem Chef kommunizieren, kommen verschiedene Mechanismen und Wirkungsweisen zum Vorschein. Das psychologische Modell der Transaktionsanalyse kann Hilfen liefern, um das Gespräch mit dem Vorgesetzten besser zu verstehen.

Die drei Ich-Zustände

Wenn wir uns unterhalten, werden unterschiedliche Persönlichkeitsanteile oder so genannte Ich-Zustände aktiviert. Manchmal verhalten wir uns in Gesprächen wie Erwachsene, manchmal wie Kinder und manchmal vielleicht sogar wie unsere eigenen Eltern.

Wenn man sich in einem Gespräch wie die eigenen Eltern verhält und spricht, kommuniziert man aus dem Eltern-Ich. Dies geschieht vielleicht häufiger, als man denkt. Auch wenn man bestimmte Verhaltensweisen eigentlich ablehnt, wendet man sie trotzdem an. Äußerungen wie „Das macht man nicht." „Sie sollten ..." usw. deuten auf solche Äußerungem aus dem Eltern-Ich hin.

Manchmal wiederholt man Verhaltensweisen aus der eigenen Kindheit, die mit starken emotionalen Reaktionen einhergehen.
Diese können fröhlich sein, aber auch gekränkt oder rebellisch wirken. Hier spricht man aus dem Kindheits-Ich. Äußerungen wie „toll", „super" oder „grässlich" können aus dem Kindheits-Ich kommen.

Wenn wir uns wie Erwachsene unterhalten und auf die gegenwärtige Realität reagieren, ist dies eine Reaktion aus dem Erwachsenen-Ich, z. B. in geschäftlichen Unterhaltungen.

Das Modell der Transaktionsanalyse

Typische Reaktionen im Umgang mit Vorgesetzten

Was bedeutet dies nun für unsere Beziehung zu unserem Vorgesetzten? Dadurch, dass unser Vorgesetzter Gespräche manchmal aus einer Eltern-Ich-Position führt, kann es leicht passieren, dass wir in eine Position des Kindheits-Ich hineinrutschen. Bei partnerschaftlichen Chefs bleiben wir eher in der Erwachsenen-Position, weil diese uns eher als Erwachsene begegnen. Gerade aber bei sehr autoritären, patriarchischen oder auch überfürsorglichen Vorgesetzten, kommt es eher dazu, dass wir Verhaltensweisen aus unserer Kindheit hervorholen.

Hier gibt es zwei typische Reaktionen, die Sie im Umgang mit Ihrem Vorgesetzten vermeiden sollten:

◆ 1. Sie reagieren als trotziges, rebellisches Kind.
◆ 2. Sie reagieren als überangepasstes Kind.

Jeder weiß aus eigener Erfahrung, dass wir manchmal im Umgang mit Autoritäten dazu neigen, mit Trotz und Rebellion zu reagieren. Wir machen dann genau das Gegenteil von dem, was der andere sagt.
Im Ich-Zustand des rebellischen, trotzigen Kindes versuchen wir, andere für ihre vermeintlichen oder realen Fehlleistungen verantwortlich zu machen. Hier lassen wir uns vom Zorn und unseren Antipathien gegen hierarchisch höher positionierte Autoritäten leiten. Dieses häufig aggressive und aufsässige Vorgehen kann sowohl sichtbar als offenes Verhalten, aber auch verdeckt in Erscheinung treten.

Mögliche Redewendungen und Gedanken des trotzigen, rebellischen Kindheits-Ich sind:
◆ „Der wird sich noch wundern, was mit ihm geschieht, wenn er so weitermacht."
◆ „Jetzt mache ich es gerade nicht."
◆ „Den mache ich fertig!"
◆ „Wenn das so weitergeht, dann kündige ich. Soll er doch sehen, wie er ohne mich klarkommt."
◆ „Jetzt zeigen wir es denen da oben!"

Wie aus diesen Redewendungen deutlich wird, ist dann eine normale Diskussion mit anderen nur sehr schwer möglich. Kompromisse sind kaum möglich. Es geht um Sieg oder Niederlage. Auch das Erreichen der eigenen Ziele wird immer schwieriger, da wir in einer konflikthaften Situation sind.

Auch der überangepasste Ich-Zustand ist nicht besonders hilfreich. Hier sagen wir zu allem „Ja und Amen". Vielleicht scheuen wir die Konfrontation oder befürchten, durch Fragen und Einwände rebellisch zu wirken. Ein gewisses Maß an gesunder Anpassung ist sicherlich ratsam. Wenn wir in einem Unternehmen oder einer Organisation arbeiten, ist das Beachten von Regeln im Umgang mit anderen Menschen auch sinnvoll. Dies spart viel seelische Energie.

Im Ich-Zustand des überangepassten Kindes benehmen wir uns zu artig, gefügig und still. In dieser Ich-Position kann man nur sehr schwer seine Ziele beim Vorgesetzten durchsetzen.

Redewendungen und Gedanken des angepassten Kindheits-Ich sind:

◆ „Ich weiß nicht, ob ich die Aufgabe richtig ausführe."
◆ „Der Chef hat immer Recht."
◆ „Das war schon immer so, daran können wir nichts ändern."
◆ „Was wird nur mein Vorgesetzter dazu sagen?"
◆ „Nur nicht durch Fragen auffallen."
◆ „Das schaffe ich nie."

Wie können wir uns verhalten?

Sowohl die Überanpassung als auch die Trotzreaktion sind im Umgang mit dem Vorgesetzten nicht hilfreich. Auch wenn der Chef hierarchisch höher gestellt ist, müssen Sie sich sachlich mit ihm auseinander setzen und mit Argumenten und Informationen versuchen, das Gespräch zu führen.

Was können Sie tun, wenn Sie merken, dass Sie in dem Gespräch in die beschriebenen Ich-Zustände abgleiten. Es wurde oben bereits angedeutet, dass mancher Vorgesetzte diese Zustände durch Einnahme einer eher „elterlichen Rolle" auslösen kann. Der erste Schritt, um wieder die Erwachsenenebene zu erreichen, ist, sich die eigene Befindlichkeit bewusst zu machen und zu versuchen, das Gespräch durch Fragen und Argumente wieder auf eine sachliche Ebene zu bringen. Wenn man ein bestimmtes Muster in der Beziehung zum Vorgesetzten entdeckt, kann man bewusst die Entscheidung treffen, sich in Zukunft anders zu verhalten. Ein erwachsenes Gespräch mit dem Vorgesetzten beinhaltet auch, Argumente und Positionen aufzuzeigen, nachzufragen, Lösungen zu suchen und klare Vereinbarungen zu treffen.

Folgendes Beispiel soll die unterschiedlichen Reaktionsweisen gegenüber einem Vorgesetzten verdeutlichen:

Beispiel:

Teamleiterin (mit strengem, elterlichem Unterton):
„Sehen Sie hier, dieser Bericht gehört auf ein großes Blatt."

Mitarbeiter aus dem überangepassten Kindheits-Ich
(mit unterwürfigem Unterton):
„Oh, das tut mir Leid. Ich habe einen Fehler gemacht."

Mitarbeiter aus dem trotzigen Kindheits-Ich
(mit aggressivem, trotzigem Unterton):
„So nicht. Daran sind Sie schuld. Sie haben mir diese Anweisung nicht gegeben."

Mitarbeiter aus dem Erwachsenen-Ich
(mit sachlichem Unterton):
„Entschuldigung. Irgendwie ist die Anweisung nicht bei mir angekommen. Wie soll ich in Zukunft den Bericht erstellen?"

Wenn Sie merken, dass Sie Ihren Trotz oder Ihre Überanpassung nicht mehr kontrollieren können, versuchen Sie, einen neuen Gesprächstermin auszumachen. Dann ist es hilfreich, das Gespräch mit dem Vorgesetzten sehr gut vorzubereiten, um auf die Sachebene zurückzukommen und im Gespräch auch dort zu bleiben.

1.5   Ideen einbringen

Eigene Ideen in das Unternehmen einzubringen, ist wichtig für Sie und für Ihren Arbeitgeber. Dies kann manchmal widersprüchlich erscheinen. Auf der einen Seite wird von Ihnen verlangt, dass Sie wichtige Veränderungen des Unternehmens mittragen und diese akzeptieren und volle Loyalität zeigen. Auf der anderen Seite sollen Sie eigene Ideen und Sichtweisen einbringen, die aber vielleicht Bewährtes in Frage stellen.

Dies ist natürlich kein leichter Spagat. Sie müssen immer entscheiden:
◆ Wann gelte ich als ein vielleicht störender Querdenker?
◆ Wann ist es sinnvoll, meine Ideen im Sinne des Unternehmens einzubringen?

Entscheidend ist hier natürlich die Art und Weise, wie man seine Ideen einbringt und wie der Vorgesetzte auf diese reagiert. Dies ist gerade dann wichtig, wenn Ihr Vorgesetzter nur sehr ungern Ideen von Mitarbeitern annimmt.

Wie wichtig Ideen für das Unternehmen sind, wird an dem folgenden Titanic-Witz deutlich.

Die Titanic befindet sich auf der Fahrt nach Amerika.
Matrose: „Herr Kapitän, Herr Kapitän, da drüben ist ein Eisberg."
Kapitän: „Matrose, das kann überhaupt nicht sein. Nach unseren Berechnungen kann es hier keine Eisberge geben."

Der Matrose geht wieder seiner Arbeit nach. Die Titanic läuft auf den Eisberg auf und sinkt.

Sie sehen also, wie wichtig Ihre Ideen und Informationen eventuell für den Vorgesetzten sein können. In erfolgreichen Unternehmen denken alle mit, nicht nur die Geschäftsführung. Gleichzeitig sollten Sie aber auch Entwicklungen, die Sie nicht verändern können, mittragen.

1.6 Sie haben die Wahl

Nur wer Selbstverantwortung für das eigene Leben und seinen Beruf übernimmt, ist handlungsfähig. Dies gilt ganz besonders auch in der Zusammenarbeit mit Ihren Vorgesetzten.

Seien Sie sich darüber im Klaren, dass Sie Einfluss auf die Art Ihres Vorgesetzten hatten, als Sie sich für die Art der Arbeit, die Abteilung und das Unternehmen entschieden haben.

> Machen Sie sich immer wieder bewusst, dass Sie selbst auch Ihren Chef gewählt haben.

Schließlich haben Sie ja das Unternehmen gewählt, in dem Sie arbeiten. Wenn Sie gar nicht mit Ihrem Vorgesetzten klarkommen, können Sie Ihren Arbeitsbereich oder das Unternehmen wechseln. Sie werden vielleicht einwenden, dass dies nicht einfach ist wegen der Arbeitsmarktlage, Unternehmenslage usw. Mit der Einstellung „Ich brauche unbedingt diesen Arbeitsplatz" haben Sie als Mitarbeiter jedoch schlechte Karten. Denn wer sich in Gesprächen mit Vorgesetzten als abhängig definiert, kann bei diesen wenig erreichen.

Und was tun, wenn gar nichts mehr geht?
Wenn sich die Situation trotz all Ihrer Bemühungen und der hier beschriebenen Tipps nicht bessert, sollten Sie unbedingt versuchen, zunächst innerhalb des Unternehmens die Stelle zu wechseln.

Wenn dies nicht gelingt, müssen Sie vielleicht auch in Betracht ziehen, die Firma zu verlassen. Die gegenwärtige Arbeitsmarktsituation ist sicher nicht einfach, aber Sie müssen sich überlegen, ob Sie länger den emotionalen Preis für diese Situation zahlen wollen (und können). Dauernde Konflikte im Arbeitsleben können sogar zu gesundheitlichen Problemen führen (vergleiche dazu entsprechende Ausführungen im Band „Stressmanagement" in der Reihe Pocket Business).

Hier gilt die alte Weisheit:

„Love it, leave it or change it."

◆ Schätzen und akzeptieren Sie die Beziehung zu Ihrem Vorgesetzten.
◆ Suchen Sie sich einen neuen oder
◆ verändern Sie die Beziehung zu ihm.

Leider gibt es keine anderen Alternativen. Zumindest haben Sie die Wahl. Wenn Sie nichts tun, führt dies nur zu Unzufriedenheit, Selbstmitleid und Qual.

Versuchen Sie also, in jedem Fall aktiv zu werden, anstatt in der Passivität zu verharren.

Nur Aktivität mobilisiert die Energien, die Sie für Ihr Leben und Ihren Beruf brauchen.

Stellen Sie sich folgende drei Fragen im Hinblick auf Ihren Vorgesetzten:
◆ Was kann ich an meinem Vorgesetzten akzeptieren?
◆ Was sollte ich an der Beziehung verändern?
◆ Welche Situationen sollte ich nach Möglichkeit vermeiden?
Wir kommen auf der Magazinseite 26/27 darauf ausführlicher zurück, möchten aber zuvor noch einen weiteren Aspekt näher beleuchten.

1.7 Ihr Chef ist nicht für alles verantwortlich

Dieser Aspekt ist einer, der vielleicht für mehr Verständnis von Ihrer Seite sorgt; nämlich dass Ihr Chef natürlich nicht für alle Entscheidungen verantwortlich ist. Dies gilt insbesondere für die negativen.

> Auch er muss Entscheidungen und Veränderungen mittragen, die an ganz anderer Stelle entschieden werden, aber eigentlich nicht in seinem Sinne sind.

Natürlich ist er für seine Mitarbeiter der Vertreter des Unternehmens. Gleichzeitig hat er natürlich auch eine eigene Meinung. Gerade in der heutigen Zeit, wo Stellenabbau und Kostendruck ganz oben stehen, muss Ihr Chef viele Dinge durchsetzen, die vielleicht auch nicht in seinem Sinne sind. Sie müssen mit diesen Entscheidungen nicht immer einverstanden sein, aber Sie sollten zumindest Verständnis für seine Situation aufbringen, denn auch Ihr Chef hat einen Vorgesetzten.

Auch werden viele Verhaltensweisen von Chefs erst verständlich, wenn man sie im Zusammenhang mit der Unternehmenskultur sieht.
Bei Banken gibt es andere Rituale und Werte als in einem Krankenhaus. Sollten Sie bei einer Bank arbeiten, muss Ihr Chef die möglicherweise fehlende Krawatte ansprechen, weil diese bei einer Bank zur „Dienstkleidung" gehört. In anderen Unternehmen, speziell wenn Sie keinen Kundenkontakt haben, wäre dies eine nicht zulässige Einmischung des Vorgesetzten.

> Machen Sie sich bewusst, dass jeder Mensch auch schlechte Eigenschaften besitzt.

„Nobody ist perfekt!", sagt die Volksweisheit. Dies gilt auch für Ihren Chef. Natürlich erwartet man von einem Vorgesetzten, dass er etwas vorlebt, Vorbild ist usw. Vielleicht haben Sie hier zu hohe Ansprüche an den anderen.

Wechseln Sie mal die Perspektive!

Konflikte mit dem Vorgesetzten sind häufig dadurch gekennzeichnet, dass wir ihm die Schuld für den betreffenden Konflikt geben und uns gleichzeitig zum Opfer der Umstände machen. Der Vorgesetzte ist eben „schlecht" und „unfähig".

Bei längeren Konflikten entwickeln wir mehr und mehr einen so genannten „Tunnelblick", das heißt, die positiven Seiten des Vorgesetzten werden immer weniger wahrgenommen. Frei nach dem Motto: „Das Licht am Ende des Tunnels könnte ein D-Zug sein." Je länger der mögliche Konflikt andauert, umso mehr verengt sich unser Blickfeld.

Die Lösung liegt hier nicht einfach darin, positiv zu denken oder den Vorgesetzten schönzureden, sondern sich auch die positiven Aspekte, die Ihr Vorgesetzter vielleicht hat, stärker zu verdeutlichen.

Zum anderen gehören zu diesem Konflikt immer zwei. Einer agiert und der andere reagiert. Im Extremfall kann es sein, dass Ihre Reaktion wiederum eine andere negative Reaktion Ihres Vorgesetzten hervorruft. Versuchen Sie, Ihr eigenes Verhalten zu verändern.

Fragen, die Ihnen beim Perspektivenwechsel helfen:

Ist Ihr Chef der schlimmste aller möglichen Chefs?

Gibt es Aspekte, die Sie an Ihrem Chef schätzen?

Gibt es Aspekte, die andere Kollegen an Ihrem Chef schätzen?

Welches sind die positiven Eigenschaften Ihres Chefs?

Gab es Gesprächssituationen mit Ihrem Vorgesetzten, die Sie vielleicht als angenehm erlebt haben?

Warum glauben Sie, verhält sich Ihr Vorgesetzter so?

Was glauben Sie, denkt Ihr Chef über Sie?

Was könnten die positiven Absichten hinter dem negativen Verhalten Ihres Vorgesetzten sein?

Mit welchen Verhaltensweisen bringen Sie Ihren Chef dazu, sein negatives Verhalten noch zu verstärken? Worauf reagiert er?

Gibt es Situationen, in denen Ihr Vorgesetzter sich anders verhält?

Woran würden Sie merken, dass die Zusammenarbeit mit Ihrem Vorgesetzten optimal läuft?

Was würde helfen, um das Problem mit Ihrem Chef zu lösen?

Auf den Punkt gebracht:

◆ Machen Sie sich gegenüber Ihrem Vorgesetzten nicht zum Opfer, sondern versuchen Sie, aktiv die Beziehung zu gestalten.

◆ Behandeln Sie Ihren Vorgesetzten als Kunden. Stellen Sie sich auf seine Ziele und Bedürfnisse ein, ohne sich selbst dabei zu vergessen.

◆ Sehen Sie Ihren Vorgesetzten wie das Wetter. Sie können es nicht ändern, also stellen Sie sich darauf ein.

◆ Akzeptieren Sie die Vorgesetztenrolle Ihres Chefs. Auch wenn es viele gute Gründe für einen anderen gäbe, bleibt im Moment Ihr Chef der Chef.

◆ Es gibt die psychologische Tendenz, gegenüber Vorgesetzten überangepasst oder rebellisch zu reagieren. Machen Sie sich das bewusst und unterhalten Sie sich wie Erwachsene.

◆ Bringen Sie Ihre Ideen ins Unternehmen ein, denn dies ist für Veränderungen und Entwicklungen wichtig.

◆ Machen Sie sich bewusst, dass Ihr Chef nicht für alles verantwortlich ist. Auch er muss Entscheidungen von oben mittragen.

◆ Sehen Sie auch die positiven Aspekte, die Ihr Chef hat. Wenn er wenig Einfluss nimmt, haben Sie mehr Gestaltungsspielräume.

2 Eine starke Ausgangsposition gewinnen

Wie Sie Ihren Marktwert steigern

Für eine erfolgreiche Gesprächsführung mit Ihrem Vorgesetzten ist es wichtig, eine gute Ausgangsposition zu haben. Ist diese sicher und stabil, können Sie mehr bei Ihrem Vorgesetzten erreichen.

Es ist nicht nur Ihr „äußerer Marktwert" (d.h. außerhalb des Unternehmens, z.B. auf dem Arbeitsmarkt), der dies beeinflusst, sondern auch Ihr „innerer Marktwert". Dieser bezeichnet die Stellung, die Sie bei Ihrem Vorgesetzten und/oder in Ihrem Unternehmen im Vergleich zu anderen haben. Haben Sie spezielles Fachwissen und sind Sie in Ihrer Tätigkeit schlecht ersetzbar, dann können Sie sich mehr leisten bzw. einfordern bei Ihrem Vorgesetzten. Wenn Sie leicht auszutauschen sind und nur wenige Verbindungen ins Unternehmen hinein haben, ist Ihr „innerer Marktwert" geringer und es wird Ihnen ungleich schwerer fallen, Ihren Vorgesetzten in Ihrem Sinne zu beeinflussen.

Das vorliegende Kapitel zeigt Ihnen, wie Sie Ihre „innere Marktposition" verbessern und damit mehr Rückenwind für Ihre berufliche Entwicklung bekommen.

2.1 Gute Leistung, gute Ideen, gute Performance

Sie haben, fast selbstverständlich, eine gute Position innerhalb Ihrer Arbeitsgruppe, wenn Sie gute Leistungen bringen. Dies kann sowohl die Qualität als auch die Quantität Ihrer Arbeit betreffen. Wenn Sie spezielles Know-how besitzen, steigert dies ebenfalls Ihren Wert.

> Je besser Sie Ihren Job machen, umso besser ist Ihre Position.

Zu guter Leistung gehören natürlich auch gute Ideen. Viele gute Ideen bringen Sie und Ihr Unternehmen voran.

Aber Leistung und Ideen allein reichen nicht aus, was vielfach (noch immer) als schmerzliche Erfahrung empfunden wird: Es kommt auch darauf an, sich selbst, seine Leistung, seine Ideen einbringen und – noch weiter gehend – „gut verkaufen" zu können. Dazu gehört erstens:

> Versuchen Sie, innerhalb der Arbeitsgruppe ein gutes Beziehungsnetz zu pflegen.

Je beliebter Sie sind, umso unverzichtbarer werden Sie. Helfen Sie Ihren Kollegen bei der Arbeit. Unterstützen Sie das Fortkommen Ihrer Arbeitsgruppe. Seien Sie Ansprechpartner in Fachfragen. Machen Sie sich unverzichtbar.

Zweitens beeinflusst eine gute „Performance" die Einschätzung Ihres Vorgesetzten Ihnen gegenüber. Performance (engl. Vorführung) meint in diesem Zusammenhang Ihre Außenwirkung. Ihr Vorgesetzter nimmt hauptsächlich diese wahr. Andere Dinge, die er nicht direkt wahrnimmt, erfährt er über Dritte oder über die Arbeitsergebnisse.

Denken Sie über Ihre „Performance" nach:
- ◆ Arbeiten Sie aktiv in Arbeitsbesprechungen mit?
- ◆ Wie wirken Sie nach außen?
- ◆ Ist Ihr Äußeres gepflegt?
- ◆ Wie wirkt Ihre Sprache auf andere?
- ◆ Sind Sie eher still oder reden Sie überall mit?
- ◆ Gehen Sie auf andere zu?
- ◆ Sind Ihre Präsentationen und Auftritte überzeugend?

Je mehr konkrete Leistungen Sie Ihrem Vorgesetzten oder dem Unternehmen vorzeigen können, umso mehr können Sie auch verlangen und fordern. Das klappt aber nur, wenn man diese Leistung auch entsprechend wahrnimmt.

2.2 Die Beziehung zum Vorgesetzten gestalten

Viele Mitarbeiter warten, dass ihr Vorgesetzter auf sie zukommt und sie anspricht. Manchmal kann dies sehr lange dauern (oder es geschieht gar nicht), da die meisten Vorgesetzten viele Aufgaben haben und die Beziehungspflege zu den Mitarbeitern unterschätzen.

Wenn Sie dies bisher nicht getan haben, gestalten Sie selbst die Beziehung zu Ihrem Chef und nehmen Sie so aktiv Einfluss. Gehen Sie auf ihn zu und betreiben Sie lockeren Smalltalk oder binden Sie ihn in fachliche Fragen ein. Nicht nur Ihr Vorgesetzter kann die Beziehung zu Ihnen gestalten, auch Sie können aktiv die Beziehung zu Ihrem Vorgesetzten beeinflussen und damit ein Stück „Führung nach oben" ausüben.

Je besser diese Beziehung ist, umso belastbarer ist sie und umso mehr Vorteile haben Sie. Ihr Vorgesetzter trifft immer auch „Nasenentscheidungen". Das heißt, subjektive Antipathien und Sympathien beeinflussen natürlich auch Stellenentscheidungen. Auch wenn Ihr Vorgesetzter „objektiv" sein möchte, kann er sich nie ganz frei von seinen subjektiven Einschätzungen machen. Es menschelt halt in praktisch jedem Unternehmen. Nutzen Sie das!

Gestalten Sie die Beziehung zum Vorgesetzten aktiv

Wie können Sie nun aktiv auf die Beziehung zu Ihrem Vorgesetzten einwirken?

Es gibt hier eine Vielzahl von Möglichkeiten. Versuchen Sie, mit ihm auch über private Themen wie Hobbys, Familie oder sonstige Interessen zu sprechen. Informieren Sie sich, was ihn privat interessiert. Ist er Skifahrer oder Kunstsammler? Wohin fährt er in Urlaub. Wie sind seine Lebensverhältnisse? Natürlich sollten Sie nicht zu aufdringlich sein. Die meisten Menschen reden aber gerne über ihre Interessen.

> Versuchen Sie, Themen anzusprechen, die Sie beide interessieren und stellen Sie dort Ähnlichkeiten heraus.

Wenn Ihnen gar nichts einfällt, sprechen Sie über aktuelle betriebliche Dinge. Menschen, die sich mit dem Vorgesetzten gut und gerne unterhalten, sammeln Sympathiepunkte.

Aber Vorsicht: Nicht jeder Vorgesetzte spricht gerne über Privates. Wenn dies bei Ihrem Chef so sein sollte, sprechen Sie besser nur fachliche Dinge an. Finden Sie heraus, was seine Steckenpferde sind und was ihn bei der Arbeit und im Betrieb beschäftigt.

Voraussetzungen für eine gute Beziehung

Gute Voraussetzungen für eine positive Beziehungsgestaltung liegen vor, wenn Sie Gemeinsamkeiten entdecken. Ist Ihr Chef z.B. in der gleichen Stadt geboren oder bevorzugen Sie das gleiche Urlaubsland. Auch das Interesse für die gleiche Fußball- oder Eishockeymannschaft kann verbinden. Sie müssen dieses Wissen nutzen, indem Sie das Gespräch, wenn es gerade zeitlich und thematisch passt, auf diese Interessen lenken. Ähnliche Interessen können die Sympathie oder Antipathie für einen Menschen beeinflussen.

Versuchen Sie einzuschätzen, welcher Typ er ist. Möchte Ihr Chef bei einem Gespräch direkt auf den Punkt kommen oder liebt er Abschweifungen. Braucht er eine sachliche oder emotionale Darstellung von fachlichen Inhalten?

Zwei Grundsätze aus der Praxis gelten bei der Herstellung einer guten Beziehung zum Chef:

1. Je mehr Gemeinsamkeiten es zu Ihrem Vorgesetzten gibt, desto leichter können Sie als Mitarbeiter einen guten Kontakt herstellen.
2. Je flexibler Sie sich als Mitarbeiter in Gesprächssituationen auf den Vorgesetzten einstellen, desto erfolgreicher werden Sie einen guten beruflichen Kontakt aufbauen.

Dies bedeutet nicht, sich vordergründig „einzuschleimen", sondern wichtige Beziehungen strategisch zu gestalten. Sie müssen sich natürlich selbst treu bleiben. Bleiben Sie trotz allem authentisch.

Anerkennung, Aktivitäten und Interesse

Eine weitere Möglichkeit, eine gute Beziehung aufzubauen, ist beispielsweise, Ihrem Vorgesetzten auch gelegentlich Ihre Anerkennung entgegenzubringen. Er erhält wahrscheinlich eher selten Lob von seinem Chef. Sagen Sie Ihm, wenn die Situation passend ist, was Sie gut finden an seiner Arbeitsweise oder seinem Verhalten. Es darf natürlich nicht aufgesetzt oder unecht wirken. Sie müssen es auch denken und fühlen. Bedanken Sie sich, wenn z.B. eine Reorganisation Ihres Bereiches Ihnen Vorteile gebracht hat.

Versuchen Sie, mit Ihrem Vorgesetzten auch gemeinsame Aktivitäten zu betreiben. Sie können mal locker essen gehen (geht natürlich nicht in jeder Firma!), zum Mittagessen gemeinsam in die Kantine gehen oder eine längere Geschäftsreise oder Fortbildung mit ihm gemeinsam durchführen. Dies schafft meistens auch eine gute und tragfähige Beziehung, da man auf eine gemeinsame Erfahrung aufbauen kann.

Zeigen Sie Interesse für die Dinge, die Ihren Vorgesetzten beschäftigen. Fragen Sie nach, welche Entwicklung die Firma nimmt. Interesse werten die meisten Vorgesetzten als positiv. Stellen Sie viele interessierte Fragen. Versuchen Sie, auch ein guter Zuhörer zu sein. Viele Vorgesetzte reden gerne und genießen es, wenn Ihnen jemand aufmerksam und interessiert zuhört.

Betreiben Sie eine aktive Beziehungspflege, ohne anbiedernd zu wirken.

◆ Wie können Sie den Kontakt bzw. die Beziehung zu Ihrem Vorgesetzten verbessern?
◆ Welche gemeinsamen Aktivitäten können Sie betreiben?

All das sind sehr grundsätzliche Tipps, die Sie mit dem Fingerspitzengefühl für die jeweilige Situation in Ihrem Unternehmen handhaben und individuell ausgestalten müssen. Im alteingesessenen Traditionsbetrieb, in dem es eher steif zugeht, wird dies zwangsläufig anders aussehen als im jungen Team des Start-ups, wo jeder jeden duzt, incl. Chef.

2.3   Sich selbst vermarkten

„Tue Gutes und rede darüber." Dies ist eine alte Verkäuferweisheit. Um gegenüber dem Chef in eine gute Verhandlungsposition zu kommen, ist es hilfreich, wenn Sie auch ein eigenes
Marketing betreiben.

> Bringen Sie gute Leistungen und sorgen Sie dafür, dass
> diese auch von anderen wahrgenommen werden.

Ohne die Wahrnehmung Ihrer Erfolge durch andere bekommen Sie keine Anerkennung. Als positiv bewertet ein Unternehmen unter anderem: Know-how, Flexibilität, Umsatz,
Fachwissen, Erfahrung, Routine, gute Position im Team, gute
Arbeitsleistung, Freundlichkeit, Kollegialität, Souveränität,
Projektarbeit, besondere Leistungen usw. Es reicht natürlich
hier nicht aus, zu wissen, dass Sie besondere Fähigkeiten und
Gaben besitzen. Die anderen müssen es auch erfahren und
schätzen lernen, wie oben bereits angesprochen.

> Je höher Ihr Marktwert innerhalb des Bereiches ist, umso
> besser können Sie Forderungen und Vorstellungen ein-
> bringen.

Sie können einiges tun, um Ihren Marktwert zu erhöhen:

◆ Besuchen Sie Fort- und Weiterbildungen
Fort- und Weiterbildungen können Ihnen helfen, Ihre Kenntnisse und Fähigkeiten auszubauen. Neues zu lernen ist eine Dau-
eraufgabe. Wer nicht dazulernt, bleibt stehen oder verliert sogar
den Anschluss. Nehmen Sie relevante Weiterbildungsangebote
an. Bilden Sie sich zusätzlich privat durch Bücher oder durch
die Volkshochschule oder andere Bildungsanbieter weiter.

◆ Übernehmen Sie interessante Projekte
Projektarbeit ist eine der besten Möglichkeiten seine eigenen
Leistungen zu zeigen. Gerade bei Projektarbeit müssen Sie
nicht nur die tägliche Routine durchführen, sondern können

sich relativ selbstständig in etwas Neues einarbeiten. Nehmen Sie mögliche Projektaufträge an, denn es ist eine sinnvolle Investition in Ihre Zukunft.

◆ Übernehmen Sie Aufgaben, die auch eine gewisse Außenwirkung haben

Nur, wenn Sie in der Öffentlichkeit etwas tun, bekommen Sie die volle Anerkennung. Leiten Sie Teambesprechungen, bereiten Sie mögliche Feiern vor. Wenn Ihr Name bekannt wird, erhöht dies Ihren Marktwert. Je häufiger, desto besser.

◆ Kommunizieren Sie gut mit anderen

Nicht nur Ihre direkte Leistung zählt, sondern auch, wie Sie diese darstellen und mit anderen umgehen. Haben Sie viele Reibereien oder werden Sie im Team nicht akzeptiert, kann dies Ihren Marktwert reduzieren, da Sie nicht überall einsetzbar sind. Pflegen Sie Gespräche mit Ihren Teammitgliedern. Reden Sie offen mit anderen. Sprechen Sie auch mal ein Lob oder eine konstruktive Kritik aus. Seien Sie beliebt im Team.

2.4 Im Unternehmen und außerhalb networken

Mit guten Beziehungen lebt man im Unternehmen, aber auch außerhalb besser. Gute Beziehungen machen Sie von Ihrem direkten Chef etwas unabhängiger.

Networking ist somit ein wichtiger Erfolgsfaktor für Ihre Karriere.

Nicht nur Ihre fachliche Kompetenz entscheidet über Ihre Stellung, sondern auch, wie diese von anderen eingeschätzt wird. Versuchen Sie, selbst aktiv Beziehungen zu gestalten. Durch diese aktive Beziehungspflege bekommen Sie nicht nur eine gute Position, sondern auch eine Reihe von hilfreichen Informationen oder auch Unterstützung. Die Arbeit läuft einfacher mit gegenseitiger Hilfe. Bewerten Sie dies nicht als „Klüngelei" oder „Seilschaft".

> Gute Beziehungen können immer zum gegenseitigen Vorteil genutzt werden.

Auch von Erfahrungen anderer Leute zu profitieren und diese für den eigenen Job zu nutzen, kann hilfreich sein. Egal ob es sich um Kollegen in Ihrem Unternehmen oder um Freunde, Bekannte oder Verwandte handelt: Nehmen Sie den Kontakt zu den Menschen auf, die eine ähnliche Tätigkeit haben, und sprechen Sie über die beruflichen Themen, die Ihnen wichtig sind.

Möglichkeiten des Networkings

Das Networking kann verschiedene Ebenen betreffen:

◆ Das Netzwerk zu Ihren direkten Kollegen
Je besser die Beziehung zu anderen Kollegen ist, umso besser können Sie Ihre Arbeit bewältigen und bekommen so eine gute Position innerhalb Ihres Bereiches. Auch Ihr Chef wird dies schätzen.
Weiterhin können Sie durch Austausch von Informationen viel fachliche Hilfe bekommen. Vielleicht können Sie sich mit Ihren Kollegen darüber austauschen, wie diese mit Ihrem gemeinsamen Chef umgehen. Manche Kollegen haben vielleicht Tipps für den erfolgreichen Umgang mit Ihrem Vorgesetzten. Viele Kollegen verfügen über regelrechte Gebrauchsanweisungen für den richtigen Chefumgang. Aber Vorsicht: Nicht alles muss für Ihren Chef passen.

◆ Das Netzwerk zu anderen Chefs
Andere Chefs aus angrenzenden Bereichen zu kennen bringt viele Vorteile. Wenn Sie zum Beispiel eine neue Position suchen, sind Sie bereits bekannt. Wenn Sie ein abteilungsübergreifendes Problem haben, wissen Sie, wen Sie ansprechen müssen. Achten Sie auch hier darauf, dass Sie keine Absprachen treffen oder Informationen herausgeben, die Sie nicht mit Ihrem Chef besprochen haben.

◆ Das Netzwerk zu höheren Ebenen

Wenn Sie bis in höhere Ebenen bekannt sind, ist dies generell gut für Ihre Karriere und die Verhandlungsposition zu Ihrem Vorgesetzten. Sie müssen nur aufpassen, dass Sie Ihren Chef nicht verunsichern oder an ihm vorbei arbeiten. Ein gezieltes Übergehen Ihres Chefs fördert nicht die Zusammenarbeit. Auch Massenmails, bei denen Sie alle möglichen Vorgesetzten durch Verteilerlisten mitinformieren, sind nicht immer beliebt. Der Kontakt zu höheren hierarchischen Ebenen kann durch Seminare, Präsentationen, Projekte oder übergreifende Veranstaltungen zu Stande kommen. Wenn auch die höheren Ebenen von der Qualität Ihrer Arbeit überzeugt sind, haben Sie einen hervorragenden Stand in Ihrer Organisation und gegenüber Ihrem Chef. Zielsetzung sollte ein hoher Bekanntheitsgrad Ihrer Person sein.

◆ Netzwerke außerhalb Ihrer Organisation

Netzwerke zu anderen Organisationen, Firmen und Institutionen können Ihnen in beruflichen Situationen weiterhelfen. Wenn Sie ein gutes Netzwerk innerhalb Ihrer Branche besitzen, können Sie auch von außerhalb Ihres Unternehmens neue Informationen erhalten. Diese Kontakte können Ihnen zum Beispiel nützlich sein, wenn Sie einen neuen Job suchen. Meistens kann man solche fachlichen Netzwerke über Verbände, Vereine und fachliche Veranstaltungen bilden. Versuchen Sie, aktiv Kontakte zu Kollegen außerhalb des Unternehmens zu knüpfen, zu etablieren und dann selbstverständlich zu pflegen.

Aktive Netzwerkpflege

Jede Art von Netzwerk muss aktiv gepflegt werden. Treffen Sie sich regelmäßig mit Ihren Kollegen. Nehmen Sie an betrieblichen Veranstaltungen teil. Verschiedene Formen des Betriebssports sind auch immer eine beliebte Plattform für die Beziehungspflege. Gehen Sie in die Öffentlichkeit durch Projekte oder Ähnliches. Beteiligen Sie sich an Diskussionen. Gestalten

Sie die Beziehung zu anderen Kollegen so, dass auch der andere etwas davon hat. Rufen Sie nicht erst an, wenn Sie Hilfe benötigen.

Networking ist immer auch ein gegenseitiges Geben und Nehmen.

Wenn Sie mal etwas für einen Kollegen getan haben, können Sie leichter auf seine Hilfe zählen. Netzwerke können durch den Austausch von Informationen oder Themen eine entlastende Wirkung haben. Diese können Sie in Ihrer beruflichen Identität stärken.

Folgende Fragen können Ihnen helfen:

◆ Wo und wie kann ich Menschen und Kollegen mit ähnlichen Interessen und Zielen treffen?
◆ In welche Verbände, Vereine und Organisationen sollte ich eintreten?
◆ Welche betrieblichen Möglichkeiten gibt es, Netzwerke zu bilden?
◆ Wie kann ich Kontakte zu höheren Ebenen oder anderen Bereichen bilden?
◆ Welche Veranstaltungen, Seminare usw. können mir helfen, Kontakte zu knüpfen?

2.5 Bleiben Sie unabhängig

Eines der wichtigsten Fundamente für eine gute Ausgangsposition gegenüber Ihrem Chef ist ein hohes Maß an Unabhängigkeit.

Unabhängigkeit bedeutet hier eine gewisse finanzielle, aber auch persönliche Unabhängigkeit.

Wenn Sie sich durch Kredite oder andere Verpflichtungen an das Unternehmen fest gebunden haben, so dass Sie keine Risiken eingehen können, haben Sie immer eine schlechte Ausgangsposition in Verhandlungen. Sie kennen dies aus eigener Erfahrung. Wenn Sie etwas unter Zeitdruck kaufen müssen, hat es der Verkäufer immer leichter mit Ihnen. Unabhängigkeit beinhaltet auch, eine gewisse Zeit finanziell ohne das Unternehmen und den Chef auskommen zu können. Bilden Sie Rücklagen für schwierige Zeiten. Behalten Sie auch einen möglichen Wechsel im Auge, um die eigenen Möglichkeiten zu erweitern.

Informieren Sie sich regelmäßig über Ihren externen Marktwert. Lesen Sie regelmäßig die Stellenanzeigen. Sie müssen dies nicht tun, weil Sie wechseln sollten, sondern um eine selbstbewusstere Ausgangsposition gegenüber Ihrem Vorgesetzten oder Ihrem Unternehmen zu haben. Wenn Sie wissen, dass Sie jederzeit wechseln können und auch woanders eine Stelle bekommen, können Sie selbstbewusster in Gespräche gehen. Wer weiß, dass er abhängig ist, kann wenig erreichen. Außerdem kennen Sie dann, gerade bei Gehaltsverhandlungen, Ihren Marktwert. Wenn Sie verschuldet sind und keine beruflichen Alternativen haben, sind Sie Ihrem Vorgesetzten ausgeliefert. Unabhängige Mitarbeiter können selbst gegenüber Vorständen eine klare Position beziehen.
Wenn Sie den Chef oder das Unternehmen unbedingt für Ihren Lebensunterhalt brauchen, sind Sie unsicherer und vorsichtiger in Verhandlungssituationen.

Stellen Sie sich folgende Fragen:

- ◆ Was kann ich tun, um meine finanzielle Unabhängigkeit zu vergrößern?
- ◆ Welche Möglichkeiten gibt es, mich über meinen Marktwert außerhalb des Unternehmens zu informieren?
- ◆ Welche Alternativen habe ich im oder außerhalb des Unternehmens für weitere Tätigkeiten?
- ◆ Wie sieht mein Notfallplan aus, wenn es mal mit dem Unternehmen oder dem Vorgesetzten nicht mehr klappen sollte?

Auf den Punkt gebracht:

◆ Es gibt einen äußeren und einen inneren Marktwert. Je höher Ihr Marktwert ist, umso mehr Möglichkeiten haben Sie.

◆ Je besser Ihre Leistung, Ideen und Performance sind, umso mehr Gestaltungsmöglichkeiten haben Sie gegenüber Ihrem Chef und umso besser ist Ihre Position gegenüber Kollegen.

◆ Warten Sie nicht darauf, dass Ihr Vorgesetzter Sie anspricht oder Beziehungspflege betreibt. Versuchen Sie, selbst den Kontakt zu Ihrem Vorgesetzten zu gestalten.

◆ Betreiben Sie eigenes Marketing innerhalb Ihres Unternehmens und steigern Sie so Ihren Marktwert.

◆ Bilden Sie verschiedene Netzwerke. Networking kann Ihnen durch bessere Informationen, Unterstützung und Rückhalt helfen. Wer in Netzwerke eingebunden ist, fällt nicht so schnell.

◆ Je unabhängiger Sie finanziell oder persönlich vom Unternehmen bleiben, umso selbstbewusster können Sie auch schwierige Gespräche bestreiten.

3 Den Vorgesetzten überzeugen

Gute Argumentation vorbereiten

Nachdem in den vorangegangenen Kapiteln über Grundhaltungen und eine verbesserte Ausgangsposition gesprochen wurde, wird der eine oder andere von Ihnen bestimmt schon ungeduldig fragen: „Wann erfahre ich endlich, wie ich meinen Vorgesetzten überzeuge bzw. wie ich ihn dazu bringe, die Dinge in meinem Sinne anzugehen?" Dieses Kapitel zeigt Ihnen, welche Möglichkeiten Sie in unterschiedlichen Situationen haben, Ihren Vorgesetzten zu überzeugen.

3.1 Richtig argumentieren

> *„Der Standpunkt macht es nicht, die Art macht es,*
> *wie man ihn vertritt." (Theodor Fontane)*

Eine gute Argumentation ist die Grundlage für ein erfolgreiches Gespräch mit dem Vorgesetzten.

> Wer gut argumentieren kann, ist erfolgreicher darin, seine Ziele gegenüber seinem Chef durchzusetzen.

Jeden Tag müssen Sie in den verschiedensten Situationen Ihre Meinung gegenüber anderen vertreten.
Gute Argumente (Argument = Beweismittel, -grund) unterstützen Sie dabei. Überzeugungskraft gegenüber dem Chef ist hierbei keine Zauberei, sondern abhängig von der Qualität Ihrer Argumentation. Jede Argumentation besteht aus einer Behauptung oder Handlungsaufforderung und ein oder mehreren Argumenten.

> Entscheidend für eine gute Argumentation ist, dass Ihr Chef damit überzeugt wird.

Häufig sind für den Vorgesetzten andere Dinge relevant als für den Mitarbeiter. Hier gilt die alte Verkäuferweisheit: „Der Köder muss dem Fisch (also dem Chef) schmecken und nicht dem Angler." Deswegen müssen Sie bei einer Argumentation immer den Nutzen für Ihren Vorgesetzten bzw. für Ihre Firma vermitteln, wenn Sie erfolgreich sein wollen, auch wenn Sie eigentlich eine Verbesserung für sich erreichen wollen. Die Verpackung ist eben entscheidend.

Was macht eine gute Argumentation aus?

1. Bereiten Sie Ihre Argumentation vor

Wenn Sie Ihren Vorgesetzten überzeugen wollen, ist es notwendig, eine Fülle von guten Argumenten vorbereitet zu haben, denn Sie müssen damit rechnen, dass Ihr Vorgesetzter das eine oder andere Argument entkräftet.

Schreiben Sie sich die Argumente vor dem Gespräch auf. Sammeln Sie zunächst, was Ihnen einfällt. Nur wenige von uns besitzen die Fähigkeit, spontan neue und kraftvolle Argumente zu entwickeln. Wenn Sie die Argumente niedergeschrieben haben, suchen Sie die gewichtigsten und die, welche Ihren Vorgesetzten am besten überzeugen. Auch hier gilt die Regel: „Weniger ist mehr!"

Nehmen Sie sich Zeit für die Vorbereitung des Gesprächs. Bauen Sie eine Argumentation auf. Überlegen Sie sich einen Gesprächsleitfaden. Je sicherer und flüssiger Sie in der Argumentation sind, umso höher ist Ihre Überzeugungskraft.

Je besser Sie sich auf das Gespräch mit Ihrem Vorgesetzten vorbereiten, umso größer ist Ihre Erfolgsaussicht. Dies ist eine Investition, die sich rechnet.

2. Eine gute Argumentation zielt auf die Bedürfnisse und Ziele des Chefs ab

Jede Argumentation ist abhängig von der Person, die Sie überzeugen wollen. Ihr Chef muss also Ihre Argumente verstehen und nachvollziehen können.

Nutzen Sie Beispiele, die auf Ihren Vorgesetzten zugeschnitten sind und sprechen Sie seine Sprache.

Dies erhöht die emotionale Akzeptanz der Argumente. Viele Chefs denken in Zahlen, Daten und Fakten. Versuchen Sie, Ihre Argumentation möglichst auf Zahlen aufzubauen. Eine rein subjektive Argumentation berührt Ihren Vorgesetzten wenig.

Wenn Sie sagen: „Ich bin überlastet", oder: „Ich habe zu viel zu tun", wird Ihr Chef vielleicht Verständnis zeigen, aber nicht reagieren. Wenn Sie aber sagen: „Ich habe im Moment so viele Projekte, dass sich die geplanten Abgabetermine um ein bis zwei Wochen verschieben werden. Können Sie mit mir zusammen die Prioritäten neu setzen? Gibt es Möglichkeiten, Arbeiten zu delegieren?", ist dies schon viel konkreter, da Sie aufzeigen, welche Folgen für das Unternehmen Ihre Situation hat. Sie können besser argumentieren, wenn Sie die Ziele Ihres Chefs genau kennen.

Informieren Sie sich über Ihre Abteilungsziele und stimmen Sie Ihre Argumentation darauf ab. Auch wenn Sie auf spezielle Bedürfnisse oder Steckenpferde abzielen, haben Sie eine bessere Ausgangslage. Es gibt Chefs für die ist Kundenorientierung das Wichtigste. Bauen Sie Ihre Argumentation darauf auf nach dem Motto: „Wir können unsere Kundenorientierung verbessern, wenn ...". Für andere Chefs sind Kosten oder Qualität maßgebend. Argumentieren Sie entsprechend.

3. Greifen Sie Gegenargumente auf

Während Ihres Gespräches sollten Sie auf die Argumente Ihres Vorgesetzten eingehen. Dies signalisiert Interesse und Verständnis. Ein kurzes Wiederholen seiner Argumente stellt auch Ihr Verständnis sicher. Durch Fragen stellen Sie sicher, dass Sie Ihren Vorgesetzten richtig verstanden haben. Praktizieren Sie die Technik der eingeschränkten Zustimmung.

Geben Sie Ihrem Chef teilweise Recht und formulieren Sie dann Ihre Gegenargumente. Vermeiden Sie die „Ja-aber-Formulierung", da diese den Eindruck erweckt, dass Sie die Gegenargumente Ihres Vorgesetzten nicht wirklich aufgenommen haben. Nutzen Sie ein „und".

4. Nehmen Sie Gegenargumente vorweg

Statt auf Gegenargumente nur passiv zu reagieren, ist es manchmal sinnvoll, Argumente, die Sie vom Vorgesetzten ganz sicher erwarten, selbst zu nennen und diese dann zu entkräften. Es kann zwar passieren, dass Sie „schlafende Hunde" wecken. In den meisten Fällen ist es jedoch geschickter, mögliche Gegenargumente früh anzusprechen, als abzuwarten, bis Ihr Chef mit seinen Argumenten kommt.

Welche Gegenargumente werden vom Vorgesetzten kommen und wie werden Sie diese entkräften?

5. Verschießen Sie Ihr Pulver nicht gleich zu Beginn

Viele gebrauchen alle ihre Argumente gleich zu Beginn der Diskussion und haben dann gegen Ende keine mehr zur Verfügung.

Legen Sie nicht sofort alle Karten auf den Tisch.

Halten Sie noch ein paar Argumente in der Hinterhand.

Starten Sie mit einem starken Argument, lassen Sie dann schwächere folgen. Halten Sie mindestens ein starkes Argument zurück, das Sie im späteren Verlauf des Gesprächs mit Ihrem Vorgesetzten noch einsetzen können.

6. Nutzen Sie kraftvolle Metaphern

Nutzen Sie kraftvolle Metaphern und Vergleiche, um den Vorgesetzten zu überzeugen. Kraftvolle Bilder lenken die

Aufmerksamkeit in eine bestimmte Richtung, sprechen die Gefühlsseite an und werden sofort verstanden. Wenn Sie ein Produkt als den „Rolls-Royce unter den Mercedes" vorstellen, beeindruckt dies mehr, als wenn Sie es nur als „Hochqualitätsprodukt" bezeichnen. Sie können auch kleine Geschichten in Ihre Argumentation einfließen lassen, die die Interessen Ihres Gegenübers berühren. Geschichten, Bilder und Metaphern sprechen die Gefühlsseite Ihres Chefs an.

Versuchen Sie, Beispiele aus den Bereichen zu verwenden, die Ihren Chef betreffen und in die er sich hineinversetzen kann. Häufig sind in manchen Unternehmen bestimmte Metaphern gerade „in", wie zum Beispiel „Ballhöhe erreichen", „innovativ sein" oder „besser aufgestellt sein". Natürlich sollten diese auch für Ihren Chef nicht schon abgenutzt sein.

7. Setzen Sie nur die wichtigsten Argumente ein

Häufig gibt es zu einem bestimmten Thema eine Vielzahl von Argumenten. Es macht wenig Sinn, dem anderen alle Argumente vermitteln zu wollen.

Ein starkes (treffendes) Argument ist besser als fünf schwache, die vielleicht keine Wirkung erzielen.

Bringen Sie gerade so viele Argumente, wie nötig sind, um Ihren Chef zu überzeugen. Suchen Sie sich die aus Ihrer Sicht überzeugendsten Argumente heraus. Es sollten nicht mehr als vier oder fünf sein. Überflüssige oder nichtige Argumente können Ihren Chef sogar verwirren oder verärgern. Es kann sinnvoll sein, die wichtigsten Argumente aus verschiedenen Blickwinkeln so lange zu wiederholen, bis Ihr Vorgesetzter überzeugt ist. Bringen Sie nicht permanent neue Argumente. Wiederholen Sie die wichtigsten.

8. Argumentieren Sie mit Zahlen, Daten und Fakten

Zahlen, Daten und Fakten überzeugen mit am stärksten. Der Vorteil dieser Argumentation liegt in der Überprüfbarkeit. Je konkreter Ihre Zahlen sind, umso weniger kann Ihr Chef sich diesen Tatsachen entziehen. Zahlen suggerieren eine gewisse Objektivität.

Argumentieren Sie mit Prozentsätzen, Kosten, Einsparungen, Umsatz und Gewinn.

Zu viele Fakten und Zahlen können jedoch den Diskussionsfortschritt gefährden. Setzen Sie Schwerpunkte bei dieser Art der Argumentation. Bereiten Sie sich auch darauf vor, dass Ihr Chef bestimmte Zahlen hinterfragt. Halten Sie Hintergrundinformationen bereit.

9. Zeigen Sie positive Alternativen auf

Besonders wenn Sie eine Sache kritisieren oder gegen etwas argumentieren, sollten Sie eine positive Alternative aufzeigen, sonst könnten Sie als überkritisch oder sogar negativ eingeschätzt werden.

Vorgesetzte reagieren häufig sauer, wenn Mitarbeiter nur mit Problemen und Kritik kommen.

In manchen amerikanischen Unternehmen ist das Wort „Problem" auszusprechen ein Tabubruch.

Stellen Sie Ihrem Vorgesetzten eine klare Alternative zur Verfügung. Machen Sie einen konstruktiven Vorschlag, wie Sie sich die Lösung des Problems vorstellen könnten. Dadurch kann Ihr Vorgesetzter leichter folgen. Wenn Ihr Vorschlag gut ist, wird er darauf eingehen, weil es ihm erspart bleibt, Zeit aufzuwenden um selbst eine Lösung zu finden. Sagen Sie konkret, was Sie wollen, und nicht, was Sie nicht wollen. Was genau ist Ihr Ziel?

10. Nutzen Sie visuelle Unterstützung

Jeder kennt die alte Weisheit, dass „ein Bild mehr sagt als tausend Worte". Visuelle Unterstützung, wie der Einsatz von Beamer, Folien, Handouts oder Flipchart, kann Ihnen bei Ihrer Argumentation helfen. Wenn Sie dies alles gerade nicht zur Hand haben, können Sie auch einfach etwas auf einem Block aufzeichnen.

Wenn Sie Ihr Anliegen visualisieren, wird es für Ihren Chef besser verständlich und es erhöht Ihre Überzeugungskraft. Versuchen Sie, diese Visualisierungen attraktiv zu gestalten.

3.2 Steter Tropfen höhlt den Stein

Eine der ältesten Überzeugungstechniken, die es gibt, ist die so genannte „Schallplatte mit Sprung". Denken Sie mal darüber nach, wie Sie als Kind versucht haben, Ihre Eltern zu überzeugen. Sie sprachen ein Thema oder einen Wunsch immer wieder an, bis Ihre Eltern schließlich genervt nachgaben. Zum Beispiel: Vater und Sohn sind in einem Spielwarengeschäft. Der Sohn möchte ein bestimmtes Kuscheltier haben. Der Sohn wiederholt so lange die Sätze „Papa ich möchte dieses Kuscheltier" oder „Papa kaufst du mir dieses Kuscheltier", bis der Papa irgendwann genervt nachgibt.

Ähnliches gilt für den Umgang mit Ihrem Vorgesetzten.

Sprechen Sie Ihren Wunsch oder Ihr Ziel immer wieder an.

Lassen Sie sich nicht beim ersten Mal abwimmeln, sondern bleiben Sie hartnäckig. Zeigen Sie, dass Ihnen Ihr Anliegen wichtig ist. Wiederholen Sie im Gespräch Ihre Argumente immer wieder, bis sie ins Bewusstsein Ihres Vorgesetzten dringen und er Ihnen vielleicht entgegenkommt. Stellen Sie sich darauf ein, dass sich Ihre Überzeugungstechnik über einen längeren Zeitraum erstrecken kann, bis Sie endlich Erfolg haben. Vermeiden Sie aber persönliche Angriffe gegen Ihren Chef.

Beispiele:

„Ich mache diese Tätigkeit schon sehr lange und habe deutlich bewiesen, dass ich kompetent bin und mehr Verantwortung übernehmen kann."

„Das letzte Projekt, das ich betreut habe, war sehr erfolgreich und deshalb bin ich mir sehr sicher, dass ich auch größeren Aufgaben gewachsen bin."

„Als ich meinen Kollegen vertreten habe, konnten Sie sehr klar sehen, dass ich mich schnell in andere Arbeitsgebiete einarbeiten und verantwortungsvollere Aufgaben übernehmen kann. Dessen bin ich mir sehr sicher."

„Es gibt bestimmt keinen Zweifel, dass dieses Vorgehen in der Kundenbetreuung in der Vergangenheit funktioniert hat, und gerade in diesem Fall bin ich fest davon überzeugt, dass mein Vorschlag einen besseren Service bringt …"

Natürlich hat auch Ihre Körpersprache Einfluss auf Ihre Überzeugungskraft. Halten Sie direkten Blickkontakt zu Ihrem Vorgesetzten.

Formulieren Sie Ihren Wunsch möglichst konkret, kurz und eindeutig.

Bei Ihrer Argumentation sollten sie eine zugewandte Körperhaltung, eine ruhige Gestik mit klarer Handbewegung und einen ernsten Gesichtsausdruck haben. Ihre Stimme sollte ruhig und sachlich, aber bestimmt sein. Das Nonverbale hat einen entscheidenden Einfluss auf die Wirksamkeit Ihrer Argumentation. Lassen Sie sich nicht auf Diskussionen ein. Greifen Sie konsequent immer wieder auf Ihr Argument zurück.

Beispiele:

„Ich wiederhole, … „

„Worauf es mir ankommt, ist … „

„Es geht mir hier darum … „

„Nochmals, was mir persönlich sehr wichtig ist … „

„Ich bin fest davon überzeugt, dass …

Sie werden sehen, wie langfristig der stete Tropfen den Stein (Ihren Chef) höhlt und Sie Ihre Ziele besser erreichen.
Manche Chefs reagieren auf bestimmte Argumentationen nicht. Das heißt, Sie reagieren erst mal überhaupt nicht. Hier müssen Sie versuchen, über Fragen seine Meinung hierzu abzuklopfen. Wenn Sie seine Meinung kennen, können Sie die Argumentation aufbauen.

3.3　Sich auf Mitarbeitergespräche vorbereiten

Jährliche, strukturierte Mitarbeitergespräche sind in den meisten Unternehmen fester Bestandteil der Personalpolitik. Abhängig vom Unternehmen werden diese Gespräche auch Beurteilungs-, Zielvereinbarungs- oder Entwicklungsgespräche genannt. Diese unterscheiden sich dann durch unterschiedliche Schwerpunkte. Da diese Gespräche meistens länger dauern und Sie die Möglichkeit eines intensiven Dialoges mit Ihrem

Vorgesetzten für sich nutzen können, haben diese für die weitere Zusammenarbeit mit ihm einen hohen Stellenwert. Ihr Chef bekommt einen Eindruck davon, wie Sie auf bestimmte Themen in dem Mitarbeitergespräch reagieren.

Sie sollten die Wichtigkeit dieses Gesprächs nicht unterschätzen.

Im Mitarbeitergespräch werden Informationen ausgetauscht, Rückmeldungen gegeben, Aufgaben verteilt, Ziele vereinbart, Entwicklungsmöglichkeiten besprochen usw.

An dieser Stelle muss leider erwähnt werden, dass viele Mitarbeiter nicht wissen, wie sie von ihren Vorgesetzten eingeschätzt werden. Nicht in allen Unternehmen sind jährliche Mitarbeitergespräche übliche Praxis. Auch wenn es hierfür Gesprächsbögen gibt. Hier haben Sie die Möglichkeit, ein solches Gespräch von Ihrem Vorgesetzten einzufordern, da Sie wissen wollen, wie Ihre Leistung eingeschätzt wird.

Im Mitarbeitergespräch können Sie mit Ihrem Chef Fragen besprechen, die sonst im Tagesgeschäft untergehen. In vielen Unternehmen sind Checklisten oder Formblätter vorgesehen, die Ihren Vorgesetzten bei der Durchführung des Mitarbeitergespräches unterstützen sollen.

Das Entscheidende für Sie ist eine gute Vorbereitung. Schauen Sie sich den Ablauf des Bogens genau an und bereiten Sie sich auf die Gesprächselemente vor. Lesen Sie mögliche Erläuterungen. Informieren Sie sich bei Ihren Kollegen auch über mögliche Stolpersteine. Durch diese Vorbereitung können Sie mit Ihrem Vorgesetzten in einen echten Dialog treten und Ihre Kompetenz zeigen.

Nur gut vorbereitet können Sie die Chancen des Gesprächs voll nutzen.

Was ist bei einem Mitarbeitergespräch für Sie als Mitarbeiter besonders wichtig?

1. Einstieg in das Gespräch

Meistens wird Ihr Vorgesetzter Sie in das Gespräch einführen und es beginnen. Bemühen Sie sich, zu Beginn eine positive Gesprächsatmosphäre zu Ihrem Vorgesetzten aufzubauen. Dies erleichtert den weiteren Ablauf. Versuchen Sie, eine bequeme Sitzhaltung einzunehmen.

2. Rückblick

In dem Rückblick spricht der Vorgesetzte über die Aufgaben, Ziele und Projekte, die Sie in dem vergangenen Jahr bewältigt haben, und gibt eventuell schon hier Rückmeldung über die Qualität Ihrer Arbeit und mögliche Verbesserungspunkte. An dieser Stelle ist es wichtig, auch selbst einen Rückblick durchgeführt zu haben, da Sie dann Dinge ergänzen können.

Ziehen Sie vor dem Gespräch eine persönliche Bilanz.

Sie können positive Leistungen ruhig hervorheben. Machen Sie sich ggf. vorab Notizen, damit Sie nichts vergessen. Bleiben Sie jedoch auch ehrlich bei Versäumnissen. Ein Vertuschen und Ausweichen bei der Erwähnung von Fehlern kann Misstrauen in der Beziehung zu Ihrem Vorgesetzten schaffen.

3. Feed-back-Gespräch/Beurteilungsgespräch

Dieses Gespräch dient dazu, die im Rückblick angesprochenen Punkte genauer zu reflektieren. Was war gut, was war schlecht, was kann man wie verbessern. Ihr Vorgesetzter sollte offen Ihre Stärken und Schwächen mit Ihnen besprechen. Er sollte Ihre Leistungen würdigen und mögliche

Maßnahmen zur Verbesserung der Leistung vereinbaren. Auch Sie sollten überlegt haben, was Ihre Stärken und möglichen Verbesserungspotenziale sind. Wenn Ihr Vorgesetzter bestimmte Stärken nicht anspricht, können Sie dies auch selbst tun. Schwieriger ist es natürlich, wenn er Schwächen oder Kritikpunkte anspricht, die Sie selbst anders sehen. Sie sollten hier nicht sofort eine Abwehrhaltung einnehmen, aber doch konkret nachfragen, was Ihr Vorgesetzter genau meint und an welchen Beispielen er dies festmacht. Inwieweit Ihr Vorgesetzter hier konkret Beispiele anführen kann, zeigt, ob er sich gut vorbereitet hat.

Wenn es zu Pauschalisierungen kommt wie z.B. „Sie arbeiten unpräzis" oder „Sie können schlecht im Team arbeiten", erbitten Sie konkrete Beispiele, wann dies in der Vergangenheit passiert ist. Nur konkrete Äußerungen können Sie auch nachvollziehen und beurteilen.

Versuchen Sie erst den Standpunkt Ihres Vorgesetzten zu verstehen, bevor Sie dazu Stellung nehmen. Auch Fragen nach Zielen und Absichten sind an dieser Stelle hilfreich. Sie lenken hierdurch das Gespräch in eine konstruktive Richtung, weil er positiv formuliert, was er möchte und nicht, was ihn an Ihrem Verhalten stört.

Wenn Ihr Vorgesetzter keine konkreten Beispiele anführen kann, versucht er vielleicht, andere einzubeziehen. Äußerungen wie „Ihre Kollegen sagen..." sollten Sie so nicht gelten lassen. Fragen Sie genau nach, wer dies in welchem Zusammenhang gesagt hat. Nur so können Sie überprüfen, ob diese Äußerung stimmt. Geraten Sie nicht in eine Diskussion darüber, was Sie falsch und was Sie richtig gemacht haben, sondern versuchen Sie eher, Fehleinschätzungen auszuräumen. An späterer Stelle wird auf den Umgang mit Kritik noch genauer eingegangen.

4. Zielvereinbarungsgespräch

Das Zielvereinbarungsgespräch soll Orientierung über Ihre zukünftigen Ziele und Aufgaben geben. Die Ziele sollten messbar, konkret und erreichbar formuliert sein.

Idealerweise sollten die Ziele mit Ihnen gemeinsam vereinbart werden. Dies ist nicht immer möglich, aber erstrebenswert. Überlegen Sie zuvor gut, welche Ziele Sie persönlich haben. Sollte Ihr Vorgesetzter Ihnen Ziele setzen, die Sie als unrealistisch betrachten, stellen Sie dies klar. Dies ist besonders wichtig, wenn die Zielerreichung an eine finanzielle Zuwendung (Prämie, eine Gewinnbeteiligung o. Ä.) gekoppelt ist. Ziele für Ihre Tätigkeit zu formulieren ist am Anfang nicht leicht. Sie werden sehen, wie Sie mit der Zeit mehr und mehr Übung bekommen.

5. Entwicklungsgespräch

In dem Entwicklungsgespräch werden bisher mit Ihnen durchgeführte Entwicklungsmaßnahmen besprochen und die nächsten Entwicklungsziele und -schritte vereinbart. Sie sollten hier Klarheit über zukünftige Einsatzmöglichkeiten und Weiterbildungsmaßnahmen bekommen. Sprechen Sie offen Ihre Entwicklungs- oder Fortbildungswünsche an. Dies ist zwar keine Garantie dafür, dass diese auch erfüllt werden, aber Ihr Vorgesetzter kann Ihre Wünsche nur berücksichtigen, wenn er sie auch kennt.

Versuchen Sie, die Absprachen über Ihre Entwicklung mit Ihrem Vorgesetzten möglichst konkret zu machen.

Manche Vorgesetzte versprechen zunächst viel, um möglichen Konflikten aus dem Weg zu gehen, halten dann aber wenig davon ein. Treffen Sie spezifische Absprachen und vereinbaren Sie Maßnahmen mit konkreten Zeiten. Später fällt es Ihnen leichter, diese einzufordern.

6. Abschluss

Gegen Ende sollten Sie die Möglichkeit nutzen, Ihrem Vorgesetzten eine Rückmeldung zu geben, wie das Gespräch aus Ihrer Sicht gelaufen ist, und eigene Wünsche oder Vorstellungen zu äußern.

Auch können Sie das Gespräch nutzen, um vielleicht vorliegende Probleme in der Zusammenarbeit mit Ihrem Vorgesetzten oder Kollegen anzusprechen.

Die Ergebnisse des Gesprächs werden in der Regel schriftlich zusammengefasst und Sie sollten eine Kopie einfordern.

Nach dem Mitarbeitergespräch

Wie Sie an den einzelnen Elementen des Mitarbeitergesprächs unschwer sehen, hat ein guter Gesprächsverlauf eine starke Auswirkung auf die weitere Zusammenarbeit mit Ihrem Vorgesetzten.

Nutzen Sie die Chancen des Dialogs in diesem Gespräch.

Versuchen Sie, nach dem Gespräch die Vereinbarungen umzusetzen, denn daran werden Sie gemessen werden. Erinnern Sie Ihren Vorgesetzten auch an Absprachen, die er umsetzen muss. Bleiben Sie nicht passiv und warten Sie nicht, bis er von sich aus „kommt", sondern gehen Sie von sich aus aktiv auf Ihren Chef zu.

Das gilt übrigens schon in der Gesprächssituation selbst: Man sollte den Vorgesetzten auch auffordern, seine Meinung darzulegen. Manche möchten die Gespräche nur abhaken und gar nicht über eventuelle Entwicklungsmöglichkeiten, Seminare, Schulungen, Unzufriedenheit auf Seiten des Mitarbeiters sprechen. Auch darauf sollte man vorbereitet sein und ggf. von sich aus darauf zu sprechen kommen und eine Meinung bzw. gewisse Maßnahmen einfordern.

Wenn es so etwas wie Fragebögen oder Checklisten in Ihrem Unternehmen nicht gibt?

Stellen Sie sich dann selbst folgende Fragen:

◆ Welche Projekte habe ich abgewickelt und welche Ziele/Aufgaben hatte ich?
◆ Was habe ich im letzten Jahr alles erreicht?
◆ Was habe ich nicht erreicht?
◆ Womit bin ich ganz besonders zufrieden?
◆ In welchen Punkten bin ich noch nicht mit mir zufrieden und wie kann ich mich verbessern?
◆ Was hätte ich besser machen können?
◆ Wo sehe ich meine gegenwärtigen beruflichen Stärken und Schwächen?
◆ Wie schätze ich meine gegenwärtige Situation ein?
◆ Wo brauche ich von meinem Vorgesetzten mehr Unterstützung?
◆ Wo will ich in Zukunft hin? Welche Entwicklungswünsche habe ich?
◆ Was würde ich in meinem Unternehmen ändern, wenn ich könnte?
◆ Wie schätze ich mich selbst in meiner Zusammenarbeit mit anderen und dem Vorgesetzten ein?

3.4   Kritik äußern

Als Mitarbeiter gegenüber dem Vorgesetzten Kritik zu äußern, fällt vielen Mitarbeitern schwer, da sie nicht genau einschätzen können, welche Auswirkungen dies auf die Beziehung zum Vorgesetzten hat oder ob sogar negative Konsequenzen möglich sind. Es gibt bestimmt eine ganze Reihe von Vorgesetzten, die nur sehr schlecht mit Kritik umgehen können. Anderseits sollten Sie ein Thema, das Sie bewegt, auch ansprechen. Wenn Sie es unterdrücken, bleibt es dennoch ein Problem und Sie tragen es mit sich herum. Sie sollten nicht warten, bis die Situation eskaliert. Manche Mitarbeiter gehen durch nicht geäußerte Unzufriedenheit sogar in die „innere Kündigung" und machen „Dienst nach Vorschrift". Probleme nicht anzusprechen kann sogar in psychischen oder gesundheitlichen Problemen münden. Damit Ihr Frust in Gesprächen mit Ihrem Vorgesetzten nicht unbewusst herauskommt, ist es wichtig, diese Dinge mit ihm in einer ruhigen Stunde zu besprechen, nur dann hat das Gespräch die volle Wirkung.

Verhaltensregeln bei Kritik gegenüber dem Vorgesetzten

◆ Sprechen Sie das zu kritisierende Thema klar, konkret, direkt und spezifisch an. Bleiben Sie sachlich.

◆ Bringen Sie konkrete Beispiele. Je konkreter, desto besser. „Herr Müller, bei dem aktuellen Projekt fehlen mir konkrete Terminabsprachen, dadurch kann ich keine realistische Planung vornehmen."

◆ Vermeiden Sie es, Ihren Vorgesetzten in Anwesenheit von Dritten zu kritisieren. Dies hat eine Verstärkungswirkung und kann dazu führen, dass er Ihre Kritik natürlich abschmettern wird. Für manche Vorgesetzte grenzt dies sogar an Majestätsbeleidigung. Im schlimmsten Fall müssen Sie sogar mit einer Revanche rechnen.

◆ Kritisieren Sie das Verhalten oder die Sache und nicht die Person Ihres Vorgesetzten. Sobald Sie Pauschalformulierungen verwenden, wird Ihr Vorgesetzter in den Widerstand gehen. Sprechen Sie behutsam die Dinge an, die Sie stören.

◆ Sprechen Sie auch positive Verhaltensweisen oder die Dinge an, die Sie schätzen. Dies schafft eine gute Atmosphäre. Dinge anzusprechen, die gut laufen, lenkt das Gespräch in eine positive Richtung.

◆ Versuchen Sie, lösungsorientiert zu kritisieren. Sagen Sie klar, was Sie erreichen wollen. Ziel eines Kritikgespräches sollte eine Maßnahme oder konkrete Vereinbarung sein. Sprechen Sie offen an, was Sie sich wünschen.

◆ Zeigen Sie die Konsequenzen auf, die das Verhalten für Sie hat. Teilen Sie mit, welche Folgen es für Ihre Arbeit hat und was das Verhalten bei Ihnen emotional auslöst.

◆ Vermeiden Sie es, Vergleiche mit anderen Vorgesetzten zu ziehen, da diese kränkend sein können.

Ich-Botschaften

Sie wirken glaubwürdiger, wenn Sie gegenüber Ihrem Vorgesetzten Ihren Überzeugungen und Gefühlen persönlich Ausdruck verleihen, statt sich hinter dem unpersönlichen „man" oder „wir" zu verbergen. Besonders in Konflikt- und Kritiksituationen ist es wichtig, sich zu den eigenen Gefühlen zu bekennen und diese offen auszusprechen. Sie-Botschaften wie z.B. „Sie sind ein Perfektionist!" lösen oft Widerstände und Barrieren aus, die den Gesprächsablauf beeinträchtigen. Hier können Ich-Botschaften helfen: „Ich fühle mich von Ihnen sehr unter Druck gesetzt. Durch die vielen Korrekturen kann ich meine Arbeit nicht in Ruhe durchführen." Drücken Sie Ihre Beobachtungen, Wünsche und Gefühle unmittelbar und direkt in der Ich-Form aus.
Von Ich-Botschaften spricht man, wenn:
◆ sie in der Ich-Form gehalten sind,
◆ Sie- oder Du-Formulierungen weggelassen werden,
◆ auf Man-Aussagen verzichtet wird und
◆ Beobachtungen, Wünsche und Gefühle unmittelbar und direkt ausgedrückt werden.

Versuchen Sie, möglichst direkt die Dinge in der Ich-Form anzusprechen.

3.5   Gehaltsgespräche führen

Gehaltsgespräche mit Vorgesetzten zu führen, fällt vielen von uns schwer. Gleichzeitig ist es natürlich ein wichtiges und immer wiederkehrendes Thema. Denn wir alle wollen angemessen bezahlt werden. Hier einige Tipps, wie Sie das Thema richtig angehen:

Zeitpunkt

Optimal ist es, wenn Sie gerade einen beruflichen Erfolg verbuchen konnten und dies vielleicht sogar von Ihrem Vorgesetzten positiv vermerkt wurde. Auch nach einem positiven Mitarbeitergespräch können Sie das Thema Gehalt vorsichtig ansprechen: „Ist bei mir nicht bezüglich des Gehaltes etwas möglich?" Nutzen Sie es, wenn am Ende des Gespräches eine gute Stimmung herrscht. Wenn Ihr Chef dieses Thema nicht im Rahmen des Mitarbeitergespräches besprechen möchte, dann vereinbaren Sie einen anderen Termin. Lassen Sie sich nicht abwimmeln. Wenn Ihr Unternehmen gerade in einer wirtschaftlich schwierigen Situation ist, kann es sinnvoll sein, Gehaltsgespräche auf einen späteren Zeitpunkt zu verschieben. Jedoch auch in dieser Situation kann bei guter Leistung ein Gespräch erfolgreich sein, wenn Sie gute Argumente haben.

Voraussetzungen

Die Arbeitsatmosphäre sollte entspannt und Ihr Vorgesetzter gut gelaunt sein. Stresssituationen sind eine schlechte Grundlage für Gehaltsverhandlungen. Natürlich sollten Sie in der Vergangenheit erfolgreich gearbeitet haben und Argumente für Ihre Forderung vorlegen können.

Argumente

Zählen Sie Argumente auf, warum Sie mehr verdienen sollten. Bringen Sie konkrete Beispiele, was Sie geleistet haben und wie Sie zum Erfolg des Unternehmens beigetragen haben. Stellen Sie wichtige Daten und Zahlen über Ihren Beitrag zum Unternehmenserfolg (z.B. Kosteneinsparungen, Vertriebserfolge, Projektabschlüsse) zusammen. Dies könnten Ihre möglichen Argumente sein:

Sie haben
- erfolgreich neue Aufgaben übernommen,
- Ihre Ziele erreicht oder übertroffen,
- Projekte erfolgreich abgeschlossen,
- Kosten gesenkt,
- neue Kunden gewonnen,
- mehr Verantwortung übernommen,
- Arbeitskollegen ausgebildet,

- Fachartikel veröffentlicht,
- hervorragend mit anderen zusammengearbeitet,
- Ihren Chef oder Kollegen länger vertreten,
- Trainings besucht und die Inhalte umgesetzt,
- Verbesserungsideen eingebracht und umgesetzt,
- interne Abteilungsabläufe optimiert.

Es ist durchaus auch legitim, Begründungen aus dem privaten Bereich wie z.B. Hausbau oder Heirat anzubringen. Diese sollten allerdings nur ergänzend sein. Ihre Forderung muss durch Ihre Leistung begründet sein. Ob Sie private Gründe anführen, müssen Sie allerdings abhängig von Ihrem Vorgesetzten selbst entscheiden, da nicht jeder dafür empfänglich ist.

Taktik

- Gute Atmosphäre

Letztendlich sind Sie immer auf den guten Willen Ihres Vorgesetzten angewiesen. Versuchen Sie daher zunächst, eine gute Atmosphäre herzustellen, indem Sie die positiven Dinge herausstellen. Dass Sie gerne bei der Firma arbeiten, sich gut mit Kollegen verstehen, Spaß an Ihrer Arbeit haben. Entscheidend für den erfolgreichen Verlauf des Gespräches ist, dass Sie Ihren Vorgesetzten wirklich überzeugen.

- Drohen Sie Ihrem Vorgesetzten nicht

Häufig versuchen Mitarbeiter Druck aufzubauen, indem sie eine mögliche Kündigung ins Spiel bringen. Dies können Sie natürlich tun, aber Sie müssen unter Umständen mit negativen Konsequenzen rechnen. Manche Vorgesetzte lassen sich auf solche Machtspiele nicht ein und sagen dem Mitarbeiter klar, dass er wechseln kann, wenn er mit dem Gehalt nicht zufrieden ist. Einige Vorgesetzte haben die Einstellung, dass man „Reisende ziehen lassen sollte". Wenn Sie mit der Kündigung drohen, kann Ihr Chef auch Ihre Loyalität zur Firma anzweifeln. Sie sollten diese Karte nur ziehen, wenn Sie wirklich bereit sind, die Firma zu verlassen. Überlegen Sie sich genau, wie Ihre

Chancen stehen, in einem anderen Unternehmen eine Stelle zu bekommen. Auch Androhungen, weniger Leistung zu bringen, können zu einer negativen Einschätzung Ihrer Person führen. Drohungen sind immer das letzte Mittel, da Sie die Beziehung verschlechtern und häufig Ihr Chef am längeren Hebel sitzt.

◆ Vergleiche vermeiden

Vergleiche mit den Gehältern anderer Firmen können gefährlich sein, da Ihr Vorgesetzter Ihre Loyalität anzweifeln kann und Sie vor die Alternative stellt, im Zweifelsfall zu gehen. Wenn Sie wirklich ein Angebot einer anderen Firma vorliegen haben, können sie natürlich versuchen, Forderungen zu stellen. Aber erwecken sie niemals den Eindruck von „Parallelverhandlungen" mit anderen Unternehmen, wenn dies nicht so ist. Auch hier gibt es Aussagen von Vorgesetzten wie: „Wer unzufrieden ist, kann wechseln."

Direkte Vergleiche mit Kollegen haben den Nachteil, dass Sie deren Tätigkeit eventuell abwerten müssen, da sie deutlich machen möchten, wo Sie besser oder genauso gut sind. Um Ihre Forderung zu verweigern, wird Ihr Vorgesetzter dann ggf. Sie bzw. Ihre Tätigkeit abwerten, indem er klarstellt, dass Ihre Arbeit weniger qualifiziert ist als die des Kollegen. Vergleiche sollten Sie daher nur anführen, wenn alle Kollegen in Ihrer Arbeitsgruppe besser eingruppiert sind oder eine vergleichbare Stelle in einem anderen Bereich anders bewertet wird. Vergleiche sind nur dann gerechtfertigt, wenn Ungleichmäßigkeiten vorliegen, aber auch in diesen Fällen sollten Sie nur über vergleichbare Positionen und nicht über Personen sprechen.

Bedingungen erfüllen

Rechnen Sie damit, dass Ihr Vorgesetzter eine Gehaltserhöhung an Bedingungen knüpft. Dies könnte z.B. das Erreichen eines bestimmten Umsatzes, die Vergrößerung des Kundenstammes oder das Einholen eines großen Auftrages sein. Wenn die Bedingungen Ihnen realistisch erscheinen, sollten Sie sich auf den Handel einlassen. Immerhin können Sie damit auch Ihr

Engagement unter Beweis stellen. Scheint es Ihnen eher unrealistisch, sollten Sie nochmals verhandeln, um evtl. einen Kompromiss zu finden und das Gespräch zufrieden zu beenden.

Hartnäckig bleiben

Sprechen Sie das Thema Gehalt ruhig regelmäßig an, wenn Ihr Chef nicht reagiert. Voraussetzung ist natürlich, dass Ihr Vorgesetzter Ihre Leistung auch schätzt. Wenn dies so ist, will er Sie natürlich als Mitarbeiter behalten und möchte, dass Sie zufrieden sind. Bleiben Sie jedoch realistisch bezüglich der Möglichkeiten.

Alternativen überlegen

Sollte eine Gehaltserhöhung aus verschiedenen Gründen nicht in Frage kommen, so sollten Sie auch über Alternativen, wie z.B. einen Firmenwagen oder Weiterbildung, nachdenken und dies ggf. Ihrem Vorgesetzten vorschlagen.

3.6   Wenn alles nicht hilft, dann eskaliere

Wenn Sie mit Ihrem Vorgesetzten hochgradig unzufrieden sind, schon alles versucht haben, aber nicht weiterkommen, müssen Sie unbedingt handeln.

An dieser Stelle gibt es nur eine Möglichkeit, Sie müssen mit dem Vorgesetzten Ihres Chefs sprechen. Setzen Sie diese Möglichkeit allerdings sehr bedächtig ein und versuchen Sie, vorab einzuschätzen, wie dieser auf Ihr Anliegen reagieren könnte. Da Sie Ihren direkten Vorgesetzten übergehen, wird dieser kaum erfreut sein. Diese Form der Eskalation birgt also auch bestimmte Risiken. Eine Möglichkeit ist, dass der Vorgesetzte Ihres Chefs sich Ihres Anliegens annimmt und Ihnen Unterstützung anbietet, dann könnte das Verhältnis zu Ihrem Vorgesetzten für eine gewisse Zeit angespannt sein. Eine weitere Möglichkeit ist, dass er Ihnen die Chance gibt, in einen anderen Bereich zu einem neuen Chef zu wechseln. Dies hängt davon ab, ob Ihr Chef vielleicht im Unternehmen bekannt dafür ist, dass er Probleme mit seinen Mitarbeitern hat. Auch kommt es auf die Struktur des Unternehmens an, ob ein Wechsel überhaupt möglich ist. Es kann auch sein, dass der Chef Ihres Vorgesetzten Sie bittet, Ihr Problem direkt mit Ihrem Vorgesetzten zu klären, dann haben Sie nichts gewonnen. Bevor Sie sich an den Chef Ihres Vorgesetzten wenden, müssen Sie im Vorfeld schon einige Gespräche mit Ihrem direkten Vorgesetzten geführt haben. Ansonsten wäre dieser Schritt unfair. Das Gleiche gilt auch, wenn Sie im Eskalationsfall den Betriebsrat aufsuchen. Dieser wurde bisher nicht erwähnt, da ein Einschalten von formellen Institutionen immer nur ein letztes Mittel ist.

> Versuchen Sie, das meiste mit Ihrem Vorgesetzten direkt zu klären.

3.7   Mit Machtspielen umgehen

Jeder, der in einer Organisation oder einem Unternehmen arbeitet, muss sich mit der Macht und den Mächtigen auseinander setzen oder selbst Macht einsetzen. Ihr Vorgesetzter hat Macht, da er derjenige ist, der Einfluss auf Ihren Verdienst, Ihre Entwicklungsmöglichkeiten und Ihre Arbeit hat. Oder kurz gesagt, er kann durch seine Position Einfluss auf Sie nehmen und hat die Kontrolle, somit ist er der Mächtigere. Es kann jedoch auch Situationen geben, in denen sich dieses Verhältnis umkehrt, wenn Sie z.B. an einem für das Unternehmen wichtigen Projekt arbeiten oder besondere Kenntnisse haben. Wenn Ihr Chef Sie unbedingt braucht, können sich die Machtverhältnisse umkehren.

> Wie mächtig ein Chef ist, hängt immer auch davon ab, wie viel Macht man ihm zugesteht.

Der Kinderspruch „Lieber Gott, gib doch zu, dass ich schlauer bin als Du" signalisiert, sobald man sich selbst über andere definiert, ist man abhängig. Das Kind braucht die Zustimmung einer Autorität, sonst käme die Frage gar nicht auf.

Wenn Ihr Vorgesetzter mit Ihnen nicht mehr durch Gespräche weiterkommt, wird er vielleicht versuchen, seine Macht einzusetzen. Dies können Drohungen in verschiedenste Richtungen, wie z.B. Androhung einer Abmahnung, Kündigung, Versetzung oder Nichtbeförderung, sein. Meistens wird Macht dann eingesetzt, wenn man das Gefühl hat, durch Gespräche nicht weiterzukommen.

Was können Sie tun, wenn Ihr Vorgesetzter ein unfaires Machtspiel mit Ihnen beginnt oder Macht unangemessen einsetzt?

1. Neutralisieren Sie das Machtspiel und kooperieren Sie!

Machtspiele ziehen häufig einen Rüstungswettlauf nach sich. Durch die Neutralisation durchkreuzen Sie das Machtspiel Ihres Chefs, indem Sie bereit sind, auf das Gut, was Ihr Vorgesetzter Ihnen bietet, zu verzichten oder die angedrohten negativen Konsequenzen zu tragen: „Ich wünsche mir eine Beförderung, aber nicht um jeden Preis." Sie steigen aus dem Machtspiel aus, wenn Sie bereit sind, auf eigene Ziele, Wünsche und Erwartungen zu verzichten. Somit wird die Macht des anderen neutralisiert. Danach können Sie wieder auf anderer Ebene kommunizieren.

Wenn Ihr Chef mit der Kündigung droht, antworten Sie ihm, dass Sie die Arbeit zwar schätzen, aber im schlimmsten Fall die Firma auch verlassen würden. Signalisieren Sie jedoch weiter Ihre Bereitschaft zum Gespräch. „Herr Müller ich möchte gerne hier mit Ihnen zu einer konstruktiven Lösung kommen."

Sie können aus dem Machtspiel aussteigen, indem Sie es zum Thema machen:

„Wir sollten aufhören, emotional zu argumentieren, und auf einer sachlichen Ebene wieder neu ins Gespräch kommen."
„Herr Meier, ich finde es im Moment nicht hilfreich, wenn wir nur über eine Alles-oder-nichts-Alternative nachdenken, lassen sie uns nochmals neu ins Gespräch kommen. Ich möchte dieses Thema mit Ihnen konstruktiv besprechen."

Natürlich kann man ein Machtspiel nur dann neutralisieren, wenn man eine Position der Unabhängigkeit erreicht hat.

Manchmal kann es hilfreich sein, sich eine Auszeit zu nehmen, um über die Situation nachzudenken und sich eine Strategie zu überlegen. Wenn Sie merken, ein Gespräch eskaliert, brechen Sie es ab und vereinbaren Sie einen neuen Gesprächstermin. Entscheidend bei der Kooperationsstrategie ist es, auf Drohungen nicht einzusteigen und zu versuchen, das Gespräch in einer konstruktiven Weise weiterzuführen. Konstruktiv bedeutet hier, über Argumentation und Gegenargumentation oder die Suche von Lösungen zu einem für beide Seiten befriedigenden Abschluss des Gesprächs zu kommen.

2. Spiele besser!

Manchmal mag es sinnvoll sein, einen kämpferischen Gegenzug zu unternehmen und in die Eskalation eines Machtspieles von Ihrem Chef zu gehen. Viele Beispiele hierzu findet man hier in politischen Bereichen, wo solche Spiele offen ausgetragen werden, bis der eine oder andere Politiker der Verlierer ist. Sinnvoll kann dies nur sein, wenn man eindeutig in der besseren Position ist und die Beziehung zum Vorgesetzten aufs Spiel setzen kann. In den meisten Fällen lässt sich ein Machtspiel neutralisieren und es ist möglich zu kooperieren.

Wenn jedoch alle Bemühungen versagen, müssen Sie in das Gewinner-Verlierer-Spiel einsteigen und versuchen, dieses Spiel mit Ihrem Chef zu gewinnen. Dies ist natürlich ein gefährliches Unterfangen. Sie müssen hier eine exzellente Stellung in Ihrem Unternehmen haben oder unkündbar sein.

Aber in manchen Ländern gäbe es heute noch die Diktatur, wenn das Volk nicht rebelliert hätte. Wenn man ein Spiele-besser-Spiel spielen will, muss man natürlich über gute und tragfähige Beziehungen im Unternehmen verfügen und eine sehr starke Ausgangsposition haben. Man sollte auch gute Nerven haben und sich nicht zermürben lassen. Häufig werden von Mitarbeitern Verbündete wie Kollegen, Betriebsrat usw. eingesetzt. In diesem Spiel spielen Sie alle Karten aus, die Sie haben, mit dem Risiko, dass Sie oder Ihr Vorgesetzter gehen muss. Aber Vorsicht, überlegen Sie sich, ob Sie diesen Weg wirklich gehen wollen oder ob Sie nicht durch ein kooperatives Gespräch mehr erreichen.

3. Gebe nach!

Je nachdem, wie mächtig Ihr Vorgesetzter ist und um welche Situation es sich genau handelt, kann es unter Umständen auch sinnvoll sein, nachzugeben. Wenn Ihr Vorgesetzter Ihnen droht, indem er sagt: „Dies ist eine Dienstanweisung", weist er auch auf die Möglichkeit einer Abmahnung hin. Hier kann es durchaus hilfreich sein, dieser Anordnung zu folgen. Auch im Umgang mit höheren Vorgesetzten kann dies ein sinnvolles Verhalten sein.

Wenn in der U-Bahn ein Dieb vor Ihnen steht, Sie mit einer Waffe bedroht und sagt „Geld oder Leben", dann kann es durchaus zweckmäßig sein, bei diesem Machtspiel nachzugeben und dem Dieb das Geld zu geben.

Allerdings sollten Sie auch nicht ständig nachgeben, sonst bleiben Sie sich nicht treu und werden irgendwann nicht mehr ernst genommen. Sie sollten Grundsätze haben, was Ihre Arbeit angeht, und sich auch daran halten.

> Im Zweifelsfall sollten Sie ein konstruktives Gespräch mit Ihrem Vorgesetzten suchen.

Macht an sich ist nicht gut oder schlecht. Es hängt davon ab, wie sie eingesetzt wird. Je nachdem, wie wir Macht gebrauchen, wird sie mit Manipulation, Ausbeutung und Gewalt oder mit Selbstbehauptung, Kraft und Lebendigkeit assoziiert.

3.8   Nein-Sagen beim Vorgesetzten

Richtiges und mutiges Nein-Sagen beim Chef ist ein Thema, das vielleicht jeden mal mehr oder weniger beschäftigt. Angemessenes Nein-Sagen gehört zur gesunden Selbstbehauptung gegenüber dem Vorgesetzten. Mitarbeiter, die nicht Nein sagen können, werden mit Aufgaben überhäuft, bis sie ihre persönliche Leistungsgrenze überschreiten.

> Wer nicht Nein sagen kann, sagt innerlich Nein zu sich selbst.

Langfristig haben Sie persönliche Nachteile durch permanentes Ja-Sagen zu erwarten, wie Probleme mit der Familie, innerliche Unzufriedenheit bis zum Gefühl, ausgebrannt zu sein. Natürlich ist es nicht sinnvoll, zu allem, was vom Vorgesetzten kommt, Nein zu sagen. Dies ist hier nicht gemeint und wäre sicherlich schädlich für die Karriere. Wenn es jedoch notwendig ist, sollten Sie diese Möglichkeit nutzen, da sonst Ihre Interessen zu kurz kommen.

Ein Nein beim Chef kann angemessen sein, wenn Sie

- zeitlich die Aufgaben nicht mehr erledigen können,
- die gesteckten Ziele nicht erreichen können,
- bei einem Projekt nicht die richtigen Rahmenbedingungen vorfinden und Sie einen Misserfolg befürchten,
- für das Unternehmen oder die Abteilung deutliche negative Konsequenzen befürchten,
- deutlich mehr Überstunden oder Samstagsarbeit haben im Vergleich zu Ihren Kollegen und Ihr Privatleben stark darunter leidet.

Viele Chefs versuchen, durch leichte Manipulationen wie z.B. Druck, Einreden eines schlechten Gewissens, Überrumplung oder Schmeicheleien die Mitarbeiter zu einem Ja zu bewegen.

Wir haben oft Probleme mit dem Nein-Sagen, weil wir

- Angst haben, vom Chef abgelehnt zu werden,
- mögliche negative Konsequenzen befürchten,
- unsere Leistungsfähigkeit beim Chef beweisen wollen,
- nicht als „Dünnbrettbohrer" gelten wollen,
- nicht als Egoist dastehen wollen und
- das Gefühl haben wollen, „gebraucht zu werden".

Nein zu sagen bedeutet hier nicht, dies einfach nur zu sagen, sondern es klar und nicht verletzend zu formulieren.

Tipps für das Nein-Sagen

Folgende Tipps sind für das Nein-Sagen wichtig:

◆ **Zeigen Sie Verständnis für das Anliegen Ihres Chefs**
Das Nein von Ihnen ist annehmbarer, wenn Sie die Motivation Ihres Chefs würdigen und gleichzeitig Ihr Nein formulieren.
Beispiel: „Ich kann es sehr gut verstehen, dass Sie die Informationen für das Gespräch morgen brauchen, aber ich kann Ihnen heute hier nicht mehr helfen. Sie hätten mir dies gestern sagen sollen."

◆ **Begründen Sie Ihr Nein**
Wenn Sie das Nein begründen, kann es Ihrem Chef helfen, dieses zu verstehen. Sie sollten sich nicht rechtfertigen, aber Ihre persönlichen Gründe deutlich machen. Beispiel: „Mit dieser finanziellen Ausstattung kann ich das Projekt nicht erfolgreich durchführen."

◆ **Bieten Sie eine Alternative an**
Bleiben Sie bei dem Nein, bieten Sie Ihrem Vorgesetzten aber eine Alternative an, was Sie in dieser Sache tun können. Bringen Sie vielleicht eine neue Idee ein. Statt die Aufgabe noch heute zu erledigen, können Sie dies vielleicht morgen früh tun. Auch kleine Zugeständnisse können hilfreich sein.

Bedenken Sie auch, dass Sie bei einem Nein nicht nur mit negativen Konsequenzen rechnen müssen. Es kann sein, dass Sie mehr Profil zeigen, und vielleicht werden Sie nicht mehr nur als Ja-Sager wahrgenommen. Auch kann es sein, dass Ihr Chef Ihre Beständigkeit und Eigeninitiative schätzt. Häufig ist es auch so, dass Ihr Chef gar nicht so massiv auf Ihr Nein reagiert, wie Sie vielleicht dachten. Wenn Sie das Nein mal ausprobiert haben, wird Ihre Selbstachtung wachsen.

Fragen zum Nein-Sagen

Was sind die Nachteile, wenn ich Nein sage?

Was sind die Vorteile, wenn ich Nein sage?

Mit welchen negativen Konsequenzen muss ich möglicherweise nach einem Nein rechnen? Welche Ängste habe ich?

Sind diese negativen Konsequenzen wirklich so schlimm?

Kann ich die negativen Konsequenzen eines Nein tragen?

Lohnt es sich, dauerhaft Ja zu sagen, nur um vom Chef gemocht zu werden?

Was sind die längerfristigen Folgen meines Ja-Sagens?

Der Umgang mit der Angst

Sicher hatten Sie auch schon einmal Angst vor einem wichtigen Gespräch mit Ihrem Chef. Auf dem Weg zum Büro des Vorgesetzten gehen einem Gedanken durch den Kopf wie „Was will er diesmal von mir?", „Steht etwas Schlimmes an?" oder „Warum muss gerade ich zum Chef?".

Diese Angst vor dem Gespräch ist ein zweischneidiges Schwert. Sie macht uns entweder vorsichtig und schärft unsere Sinne oder sie kann uns hemmen und uns dadurch im Wege sein. Angst haben wir als Erwachsene meist in Situationen, in denen wir mögliche negative Einflüsse in der Zukunft befürchten müssen. Somit ist Angst ein überlebenswichtiger Instinkt. Wenn wir nachts in einer einsamen Gegend Angst verspüren, kann dies berechtigt sein, wenn wir nicht gerade den „schwarzen Gürtel" in einer Kampfsportart besitzen. Vor Gesprächen mit unserem Vorgesetzten kann es manchmal wichtig sein, dass wir vorsichtig und wachsam sind. Hier ist unsere Angst berechtigt und sorgt vielleicht dafür, dass wir besser vorbereitet in das Gespräch gehen. Versuchen Sie, diese Angst zu nutzen. Ist Ihr Unternehmen gerade in einer Krise, kann die Angst vor einer Kündigung berechtigt sein. Manchmal jedoch ist unsere Angst unbegründet und resultiert aus negativen Erfahrungen mit anderen Vorgesetzten, Autoritäten oder unseren Eltern. Hier ist es wichtig, sich bewusst zu machen, dass sich in dem bevorstehenden Gespräch mit dem Vorgesetzten nicht unbedingt frühere Erfahrungen mit anderen Chefs wiederholen.

Folgende Fragen helfen, sich die hinter der Angst liegende „Absicht" vor Augen zu führen und sie etwas abzubauen.

Wovor schützt mich meine Angst?
_____
_____

Was ist die Absicht meiner Angst?
_____
_____

Was kann im schlimmsten Fall passieren, wenn ich so reagiere, wie ich möchte?
_____
_____

Wie gehe ich dann damit um? Ist dieser schlimmste Fall wirklich so schlimm? Wie verhalte ich mich dann?
_____
_____

Gab es auch Situationen, wo ich gegenüber meinem Chef keine Angst hatte? Was war dort anders?
_____
_____

Wie würde das Gespräch mit meinem Chef aussehen, wenn ich keine Angst mehr hätte?
_____
_____

Was wären die Folgen, wenn ich keine Angst mehr in dem Gespräch hätte?
_____
_____

Kann ich mit diesen Folgen leben?
_____
_____
_____

Auf den Punkt gebracht:

◆ Versuchen Sie, über eine gute Argumentation Ihren Vorgesetzten zu überzeugen. Stellen Sie sich bei der Argumentation auf die Eigenarten Ihres Vorgesetzten ein.

◆ Bleiben Sie hartnäckig in Ihren Überzeugungsversuchen. Praktizieren Sie die „Schallplatte mit Sprung". Versuchen Sie auch, über einen längeren Zeitraum Ihren Vorgesetzten zu überzeugen.

◆ Mitarbeitergespräche liefern Ihnen viele Möglichkeiten, sich gut gegenüber dem Vorgesetzten darzustellen und Ihre Wünsche und Anliegen zu äußern. Nutzen Sie dieses Mitarbeitergespräch voll aus und bereiten Sie es gut vor.

◆ Wenn Sie etwas in Bezug auf Ihren Vorgesetzten stört, sprechen Sie dies angemessen und zeitnah an.

◆ Bereiten Sie Gehaltsgespräche gut vor. Stellen Sie sich bei dem Gespräch auf die Eigenarten Ihres Chefs ein.

◆ Eskalationen bleiben die letzte Möglichkeit, wenn Sie gar nicht mehr weiterwissen. Schätzen Sie sorgfältig die Chancen und Risiken ab.

◆ Wenn Ihr Chef Ihnen droht, können Sie nur versuchen, ihn wieder zu einem konstruktiven Gespräch zu bewegen oder Ihre Karten auszuspielen oder nachzugeben.

◆ Lernen Sie, wenn es nötig ist, klar und nicht verletzend Nein zu sagen.

◆ Lernen Sie, mit Ihrer Angst vor einem Gespräch mit Ihrem Chef umzugehen.

4 Souverän mit Kritik umgehen

Nutzen Sie Kritik zur Weiterentwicklung

Vom Vorgesetzten kritisiert zu werden erleben viele als sehr unangenehm. Kritik ist zweischneidig. Sie kann unser Selbstwertgefühl angreifen oder sogar verletzend sein. Andererseits können wir uns durch Kritik beruflich und persönlich weiterentwickeln und mögliche Schwächen abbauen. Wie hilfreich Kritik für Sie ist, hängt davon ab, wie Ihr Vorgesetzter sie äußert und wie Sie selbst damit umgehen. Wenn Sie Kritik souverän entgegennehmen, werden Sie in den Augen Ihres Vorgesetzten an Professionalität gewinnen und er wird Ihnen mehr Respekt entgegenbringen. Zum souveränen Umgang mit Kritik gehört aber auch, unfaire Kritik abzuwehren und deutliche Grenzen zu setzen.

4.1 Positiver Umgang mit Kritik

Wer viel arbeitet, muss sich sowohl mit Lob und Anerkennung, als auch mit Kritik auseinander setzen. Häufig wird Kritik als etwas Unangenehmes erlebt, das man am liebsten vermeiden möchte. Dies hängt auch damit zusammen, dass wir häufig auf Kritik verletzt reagieren. Wir gehen in die Defensive oder greifen den anderen an, was die Kommunikation nicht gerade erleichtert. Ursache hierfür sind oft Erfahrungen mit Kritik aus der Kindheit oder Jugend. Häufig wurden wir von den Eltern oder anderen Autoritätspersonen eher pauschal kritisiert. Dies kann dazu führen, dass wir Kritik vom Chef nicht als Unterstützung, sondern als Ablehnung unserer gesamten Person oder als Strafe erleben. Das Gefühl, unvollkommen zu sein, beeinträchtigt unser Selbstwertgefühl und lässt uns manchmal durch Rechtfertigen, Abstreiten oder Beschönigen in die Abwehr gehen. Selbstkritische Menschen leiden ganz besonders unter der

Kritik des Chefs. Diese Menschen haben von Natur aus einen Perfektionsanspruch an sich selbst und jetzt verstärkt sich das Gefühl des Versagens noch durch Kritik des Vorgesetzten.

Wie Sie die Kritik von Ihrem Vorgesetzten aufnehmen, hängt natürlich auch davon ab, ob Sie selbst auch regelmäßig berufliche Anerkennung bekommen und wie stabil gegenwärtig Ihr Selbstwertgefühl ist. Wenn Sie sich gerade beruflich oder privat in einem persönlichen Tief befinden, reagieren Sie wahrscheinlich auf Kritik besonders sensibel. Professionell mit Kritik umzugehen sollte zu Ihrem Repertoire gehören, da Sie hierdurch sicherlich auch gegenüber Ihrem Vorgesetzten punkten können. Wenn Sie gelernt haben, mit Kritik richtig umzugehen, können Sie dieser selbstbewusster begegnen und Ihrem Chef konstruktive Lösungen aufzeigen.

Kritik ist immer auch ein Feed-back für Sie

Jede Kritik ist immer ein Feed-back auf das, was Sie beruflich tun. Auch wenn es Ihnen schwer fällt, diese anzunehmen, und Sie lieber eine Anerkennung hören würden, kann jede Kritik eine wichtige Information für Sie beinhalten. Diese Information kann Ihnen helfen, Ihre Einstellung und Ihre Sichtweise zu überdenken und so möglicherweise Ihr Verhalten zu ändern.

> Ohne Kritik haben Sie keine Möglichkeit, Ihre Leistungen zu überprüfen und sich weiterzuentwickeln.

Somit beinhaltet Kritik immer auch eine Chance für Sie, etwas dazuzulernen und als Person zu wachsen.

> Nehmen Sie die Kritik auf und fragen Sie sich bei berechtigter Kritik:
> „Was kann ich persönlich aus der Kritik lernen?"

Kritik bedeutet immer auch Interesse an unserem Tun oder Verhalten. Wenn Ihr Vorgesetzter nicht an Ihnen bzw. Ihrer

Leistung interessiert wäre, würde er keine Kritik äußern. Auf Menschen, die uns gleichgültig sind, reagieren wir nicht. Es gibt sogar Vorgesetzte, die lange Zeit keinerlei Kritik äußern und sich dann einfach, wenn das erlebte Maß an Unzufriedenheit voll ist, von Ihren Mitarbeitern trennen oder sie in einen anderen Bereich versetzen lassen. Es gibt genügend Geschichten von Mitarbeitern, die von Abteilung zu Abteilung geschoben werden, weil Vorgesetzte etwas an ihnen auszusetzen haben, aber sich nicht trauen, ein notwendiges Kritikgespräch zu führen. Dies ist vor allem gegenüber dem Mitarbeiter höchst unfair, da er keine Möglichkeit bekommt, sein Verhalten zu korrigieren. Solche Vorgesetzten sollten lernen, angemessen, konstruktiv und zeitnah Kritik zu äußern.

Kritik hat auch etwas mit Ihrem Vorgesetzten zu tun

Jede Kritik sagt auch etwas über den Kritiker aus. Kritik ist häufig subjektiv und von den Werten, der Einstellung und der Überzeugung des Vorgesetzten geprägt. Dies haben Sie bestimmt schon erlebt. Wenn Sie beispielsweise einen neuen Vorgesetzten bekommen, kann es sein, dass dieser plötzlich ganz neue Schwerpunkte setzt und andere Dinge an Ihnen schätzt. Manchmal kann es sogar sein, dass der neue Chef genau die Verhaltensweisen ganz besonders an Ihnen schätzt, die der frühere Vorgesetzte kritisiert hat (z.B. spontanes Handeln).

Was der eine kritisiert, findet der andere wiederum gut.

Dies hängt nun mal vom Standpunkt und den Bewertungen des Vorgesetzten ab. Weiterhin gibt es das psychologische Phänomen, dass wir häufig am anderen etwas kritisieren, was wir an uns selbst auch nicht schätzen oder nicht leiden können.

Nichtsdestotrotz sollten Sie natürlich die Kritik Ihres Vorgesetzten ernst nehmen. Jedoch können Sie sich manchmal die Subjektivität der Kritik noch mal verdeutlichen, gerade dann, wenn es sich um nicht gerechtfertigte Kritik handelt.

Praktizieren Sie zunächst das aktive Zuhören

Häufig reagieren wir sofort und ohne Bedenkzeit auf Kritik von unserem Vorgesetzten mit Rechtfertigung, Gegenangriff oder Abblocken. Durch aktives Zuhören können Sie sich Bedenkzeit verschaffen.

> Aktives Zuhören beinhaltet, die Aussage des Vorgesetzten in den eigenen Worten zu wiederholen.

Dies signalisiert zum einen Verständnis und zum anderen gewinnen Sie Zeit und können über die Kritik nachdenken. Ein weiterer Vorteil ist, dass Sie natürlich viel besser argumentieren können, wenn Sie die Anschuldigungen Ihres Vorgesetzten genau verstanden haben, bevor Sie dazu Stellung nehmen.

Beispiel:

Vorgesetzter:

„Sie haben bei dem Projekt keine saubere Dokumentation durchgeführt. Das ist eine Schlamperei!"

Mitarbeiter:

„Sie möchten also, dass ich bei zukünftigen Projekten eine saubere Dokumentation erstelle?"

(Es wurde bewusst auf das Wiederholen des unsachlichen Begriffs „Schlamperei" verzichtet, um das Gespräch in eine sachliche Richtung zu lenken.)

Fragen Sie nach, was genau Ihr Vorgesetzter meint

Wenn Sie mit Kritik von Ihrem Chef konfrontiert werden, fragen Sie zunächst nach, was er konkret überhaupt beanstandet. Kritik wird von manchen Vorgesetzten immer noch sehr pauschal und unspezifisch formuliert. Die Person und nicht die Sache werden kritisiert. Mit pauschaler Kritik können Sie nur wenig anfangen. Vielleicht ist Ihr Vorgesetzter einfach nicht in der Lage, bestimmte Sachverhalte auf den Punkt zu bringen und die wenigsten Vorgesetzten besuchen ein Seminar, um zu lernen, wie man angemessen und konstruktiv Mitarbeiter kritisiert. Auch wenn Ihr Vorgesetzter sein Problem kennt, kann es sein, dass er die Dinge nicht umsetzen kann. Aus Kostengründen wird in vielen Betrieben zurzeit auch an der Qualifizierung der Vorgesetzten gespart, was natürlich nicht alles entschuldigt.

Wenn Sie pauschale Kritik hören, fragen Sie konkret nach, was Ihr Vorgesetzter genau meint.

Nur mit spezifischer Kritik können Sie überhaupt etwas anfangen.

Beispiele:

Vorgesetzter:
„Sie sind unzuverlässig."

Mögliche Reaktionen von Ihnen:
„Wie meinen Sie das genau?"

„Was haben Sie gesehen oder gehört?"

„Woran machen Sie das fest?"

„Können Sie mir hier Beispiele geben, damit ich Sie verstehen kann?"

„Wann war ich aus Ihrer Sicht unzuverlässig?"

„Woran machen Sie meine Unzuverlässigkeit fest?"

„Wann haben Sie dies das letzte Mal festgestellt?"

Mit diesen Fragen können Sie Ihren Chef zu konstruktiveren Äußerungen ermutigen und vor allem wird die Kritik für Sie verständlicher. Beim nächsten Mal wird Ihr Vorgesetzter sich genau überlegen, ob und weshalb er Sie kritisiert.

Fragen Sie nach, was Ihr Chef eigentlich möchte

Hinter jeder Kritik oder Beschwerde steckt eine nicht erfüllte Erwartung oder ein nicht erfüllter Wunsch Ihres Vorgesetzten. Wenn Ihr Chef Ihr Zu-spät-Kommen kritisiert, wünscht er sich, nicht auf Sie warten zu müssen. Wünsche, Ziele, Anliegen oder Erwartungen werden von manchen Vorgesetzten häufig nicht erkennbar formuliert. Es ist oft einfacher auszudrücken, was man nicht möchte, statt zu sagen, was man möchte. Jedoch kann Ihr Vorgesetzter durch seine Kritik nur etwas verändern, wenn Sie genau wissen, was er von Ihnen möchte. Wenn Sie nach dem Anliegen Ihres Vorgesetzten fragen, geht seine Kritik in eine konstruktive Richtung, denn jetzt kommen die Erwartungen Ihres Vorgesetzten ins Spiel.

> Wenn Ihr Vorgesetzter Kritik äußert, sind folgende Fragen hilfreich:
> „Was erwarten Sie von mir?" „Was soll ich in Zukunft anders machen?" „Wie sollte ich mich in Zukunft in dieser Situation verhalten?

Durch diese Fragen lenken Sie das Gespräch in eine konstruktive Richtung und Sie können mit konkreten Erwartungen und Vorstellungen besser umgehen als mit Kritik.

Stehen Sie zu Ihren Fehlern

Wenn Sie einen offensichtlichen Fehler gemacht haben, stehen Sie dazu und sagen Sie, was Sie tun wollen.

Wer viel arbeitet, macht viele Fehler, wer wenig arbeitet, macht wenig Fehler, sagt der Volksmund.

Wenn Sie einen Fehler gemacht haben, stehen Sie dazu und versuchen Sie nicht, sich herauszureden. Zeigen Sie auf, was Sie tun wollen, um den Fehler zu beheben. Dies signalisiert beim Gegenüber Ihre Veränderungsbereitschaft. Denken Sie daran, auch für Sie gilt der Satz: „Nobody is perfect!"

Gerade bei schwerwiegenden Fehlern sollten Sie eine Flucht nach vorn einschlagen, so nehmen Sie Ihrem Gegenüber gleich den Wind aus den Segeln. Wenn Sie hier versuchen, Fehler zu vertuschen, wird Ihr Vorgesetzter Ihnen vermutlich mit Konsequenzen drohen oder noch ärgerlicher werden. Geben Sie die Fehler, die Sie eindeutig verursacht haben, uneingeschränkt zu, geloben Sie Besserung und bieten Sie Lösungen an.

Auch bei leichten Fehlern kann ein Zugeben meist das Gespräch in eine andere Richtung lenken. Viele Vorgesetzte rechnen häufig gar nicht damit, dass Mitarbeiter zu Ihren Fehlern stehen.

Nehmen Sie sachliche Kritik nicht persönlich

Kritik ist für uns so schwierig, weil wir sie häufig persönlich nehmen. Natürlich hängt dies auch davon ab, wie diese vom Chef vorgetragen wird. Kritik empfinden wir häufig nicht als Kritik an der Sache oder an einzelnen Verhaltensweisen, sondern als Kritik an unserer ganzen Person. Versuchen Sie, dies zu trennen. Machen Sie sich bewusst, dass Kritik auch stärkend sein kann. Gerade Menschen mit mangelndem Selbstbewusstsein haben hier Schwierigkeiten.

Versuchen Sie, Ihre Person von Ihrer beruflichen Rolle zu trennen. Wenn Sie beruflich kritisiert werden, sollten Sie dies zwar ernst nehmen, aber nicht grundsätzlich an sich zweifeln. Nehmen Sie Kritik wie ein Sportler auf, der permanent seine Leistung verbessern will. Erinnern Sie sich auch an Ihre letzten Erfolge, damit Sie sich von der Kritik nicht demotivieren lassen.

Man muss nicht auf jede Kritik eingehen

Da Kritik immer auch ein Stück weit subjektiv ist, müssen Sie nicht auf jede Kritik Ihres Vorgesetzten eingehen. Dies gilt vor allen Dingen für unsachliche Kritik. Sie können Kritik auch unbeantwortet stehen lassen, soweit keine unbedingten Handlungen erforderlich sind. Auch kann man deutlich machen, dass man an dieser Stelle unterschiedliche Meinungen und Auffassungen hat.

4.2   Auf persönliche Angriffe reagieren

> *„Schlagfertigkeit ist etwas, worauf du erst 24 Stunden später kommst." (Mark Twain)*

Wenn Sie von Ihrem Vorgesetzten mit unsachlicher Kritik konfrontiert werden, gelten andere Regeln. Unsachliche Kritik will keine konstruktive Veränderung, sondern möchte Sie treffen und verletzen.

> Wenn Sie direkt persönlich angegriffen werden, sollten Sie geschickt auf diesen Angriff reagieren, auch wenn der Angriff von Ihrem Chef kommt.

Der eine oder andere Leser wird sich hier vielleicht wundern, dass so etwas vorkommt. Vielleicht kennen Sie das von Ihrem Chef nicht. Gratulation! Jedoch gibt es immer noch eine ganze Reihe von Vorgesetzten, die Frauen mit „Fräulein" anreden oder junge Mitarbeiter als „Jungspund" abwerten.
Sicherlich kommt dies nicht so häufig vor, aber in meiner Beratungspraxis treffe ich immer wieder typische Situationen an: Es gibt Vorgesetzte, die persönliche Angriffe gerade dann zelebrieren, wenn sie selbst unausgeglichen sind oder ihrerseits gerade Kritik von ihrem eigenen Chef bekommen haben.

Gründe für persönliche Angriffe

Jeder hat schon eine Gesprächssituation erlebt, in der plötzlich ein Vorgesetzter, aus welchen Gründen auch immer, einen persönlichen Angriff startet. Ein Chef einer IT-Beraterfirma hat zum Beispiel sein gesamtes Beraterteam „als Team von Wallachen" beschimpft.

> Mit einem persönlichen Angriff ist hier eine verbale Äußerung gemeint, die versucht, Sie als gesamte Person zu treffen und zu verletzen.

Meist sind wir dann überrascht, wie es das obige Zitat andeutet, und uns fällt häufig erst später eine angemessene Reaktion ein. Nicht immer steckt eine böse Absicht hinter dem Angriff.

Gründe für einen solchen Angriff können u.a. sein:
◆ eine beabsichtigte Demütigung,
◆ das Abchecken Ihrer Kommunikationskompetenz,
◆ das Austesten von Grenzen,
◆ Vergeltung für einen zurückliegenden Vorgang,
◆ Sie dienen nur als „Blitzableiter" in einem akuten Wutanfall,
◆ ein grundsätzlich unbeherrschtes Wesen.

Solche persönlichen Angriffe können im Berufsleben bei Mitarbeitergesprächen, Präsentationen und Besprechungen auftreten. Eventuell würde uns ein Psychologe raten, in uns zu gehen und uns zu fragen, warum wir auf einen bestimmten Angriff bzw. Vorwurf gekränkt reagieren oder uns angegriffen fühlen. Ob wir einen Angriff persönlich nehmen oder nicht, hat natürlich auch immer etwas mit unserer Lebensgeschichte, unseren Erfahrungen und unserem Selbstbewusstsein zu tun, wie bereits oben angesprochen. Dieses Nachdenken über uns, verändert vielleicht langfristig etwas, kurzfristig helfen uns diese Überlegungen jedoch bei einem Angriff von unserem Chef nicht weiter.
Natürlich versuchen Sie zu ergründen, warum der Vorgesetzte so reagiert, aber selbst, wenn Sie die Gründe in Erfahrung bringen können, bleibt der Angriff ein Angriff und Sie müssen damit „umgehen" können.

Mögliche Reaktionen

Bei vielen Chefs ist der Königsweg, ihn in einer ruhigen Minute zur Seite zu nehmen und ihm deutlich zu machen, dass Sie in Zukunft nicht in dieser Art und Weise behandelt werden möchten. In diesem Vier-Augen-Gespräch sollten Sie deutlich machen, wo die Grenzen liegen. Solche Gespräche können Ihnen Respekt beim Chef einbringen und eventuell sogar das Klima verbessern. Manche Chefs sind sich Ihrer Wirkung bei Mitarbeitern nicht immer bewusst. Wenn man Sie dann konkret anspricht, zeigen sich viele einsichtig.

Bei anderen Situationen ist es sinnvoll, dass Sie schnell und angemessen auf einen verbalen Angriff Ihres Vorgesetzten reagieren, da sonst die Gefahr besteht, dass Sie im Gespräch Energie verlieren, ärgerlich werden und Sie nach dem Gespräch unzufrieden mit Ihrer Reaktion und dem Ergebnis sind. Um dies zu vermeiden, kann Ihnen verbale Schlagfertigkeit helfen. Dies setzt natürlich voraus, dass Sie während des Gesprächs mit Ihrem Chef wach und aufmerksam sind, um dann schnell auf den Angriff reagieren zu können. Persönliche Angriffe nehmen in der Regel in dem Maße ab, in dem Ihre Selbstsicherheit zunimmt. Wenn Ihr Chef merkt, dass Sie souverän mit seinen Angriffen umgehen, wird er es vielleicht lassen.

Die vier Basisstrategien

Vier Basisstrategien der Gesprächsführung können Ihnen bei persönlichen Angriffen von Ihrem Chef helfen. Diese Strategien sind so wertvoll, dass Sie diese nicht nur im Umgang mit Vorgesetzten anwenden können, sondern auch bei Kollegen oder im Privatleben. Diese Strategien kommen ursprünglich aus den asiatischen Kampfkünsten und sind auf die Gesprächsführung übertragen worden.

Sie orientieren sich an den vier Grundelementen: Feuer, Luft, Erde und Wasser.

| Strategie des Feuers | Strategie der Erde |
| Strategie des Wassers | Strategie der Luft |

Die vier Basisstrategien bei Angriffen

Welche Möglichkeiten bei einem persönlichen Angriff Ihres Chefs haben Sie, um direkt zu reagieren?

1. Strategie des Feuers

Jeder kennt diese Strategie. Wir beantworten einen Angriff mit einem Gegenangriff. Da hier Wärme entsteht, wird diese Strategie mit Feuer bezeichnet. Nicht immer ist diese auch erfolgreich, da es hier zu einem Schlagabtausch kommen kann, der für beide Gesprächspartner sehr kraftraubend ist. Gerade bei Ihrem Chef sollten Sie hier sehr vorsichtig sein, da er ja den längeren Atem bzw. die größere Macht hat. Jedoch kann es bei manchem verbalen Angriff durchaus angemessen sein, mit einem leichten Gegenangriff zu kontern. Dies ist in den Fällen angebracht, wo Ihr Chef nur Ihre verbale Kompetenz oder Ihre Grenzen testen will. Es ist möglich, dass er sich bei einem angemessenen Konter mit Ihrer Reaktion zufrieden gibt.

2. Strategie der Erde

Diese Strategie bedeutet im Kampfsport, den Angreifer sofort zu stoppen und zu Boden zu befördern. In Gesprächssituationen bedeutet dies, Ihrem Chef klare Grenzen aufzuzeigen und zu signalisieren: „Nicht mit mir!"

> Bei der Strategie der Erde stoppen wir den Angriff durch Aussagen wie:
>
> „Ich möchte Sie bitten, in einem anderen Ton mit mir zu sprechen."
>
> „Auf dieser Ebene möchte ich mit Ihnen nicht weiter sprechen."
>
> „Gerne bin ich bereit, mit Ihnen darüber zu reden, aber lassen Sie uns das bitte ruhig und sachlich tun."
>
> „Entweder wir kommen jetzt wieder auf eine sachliche Ebene zurück oder ich beende das Gespräch."

Sie setzen Ihrem Chef eine klare und deutliche Grenze und werden das Gespräch nicht weiter fortsetzen, wenn Ihr Chef in dieser Art und Weise mit Ihnen weiterredet.

3. Strategie der Luft

Hiermit ist gemeint, dass der Angriff Ihres Vorgesetzten ins Leere geht. Bei einem echten körperlichen Angriff würde man einen Seitenschritt machen, so dass der Gegner an Ihnen vorbeirennt. In einer Gesprächssituation gibt es verschiedene Möglichkeiten, den Angriff des Chefs ins Leere laufen zu lassen oder sogar zu ignorieren. Voraussetzung ist, dass die Äußerung des anderen uns innerlich nicht wirklich trifft.

> Mögliche Äußerungen sind hier:
>
> „Vielen Dank für Ihr Feed-back."
>
> „Ja, das stimmt."
>
> „Interessante Sichtweise."
>
> „Ich lerne täglich dazu."
>
> „Sie meinen also …"

Danach sollte das Gespräch normal weitergeführt werden. Möglich ist auch, dass man sich gar nicht zu dem Angriff äußert. Dies ist jedoch nur dann sinnvoll, wenn man, wie oben bereits angesprochen, nicht emotional getroffen ist.

4. Strategie des Wassers

Diese Strategie kennen manche von Ihnen vielleicht aus dem Judo oder Aikido. Man nutzt die Kraft des Angriffes zu einem Gegenangriff. Bei Aikido wird die Energie des ankommenden Gegners für einen Wurf genutzt. Wenn man mit einen Stock ins Wasser schlägt, kann man selbst dabei nass werden. Wenn sich Ihr Chef auf einer gewissen unsachlichen Ebene bewegt, können Sie auf dieser Ebene zurückschlagen. Der Unterschied zur Strategie des Feuers ist, dass Sie die Vorlage des Chefs nutzen, um auf der gleichen Ebene zu reagieren. Sie nutzen die Angriffsenergie Ihres Gegenübers.

Wenn Sie als Mann mit „junger Mann" angeredet werden, können Sie Ihrer Chefin mit „junge Frau" kontern. Oder, wenn Ihr Chef Sie schräg anspricht mit: „Heute schlecht geschlafen?", könnten Sie antworten: „Ich habe sehr gut geschlafen, Sie auch?"

Ich erinnere mich an eine Talkshow, in der der Talkmaster versuchte, eine junge Frau zu verunsichern, indem er sich nach ihrem Sexualleben erkundigte. Sie antwortete: „Bei mir läuft es gut, und wie sieht's bei Dir aus?" Der Talkmaster wirkte etwas verunsichert und wechselte das Thema. Eine solche schlagfertige Reaktion könnte auch bei manchen frechen und rüpelhaften Chefs hilfreich sein. Die Strategie des Wassers erscheint sehr attraktiv, da man in einem Gespräch durch einen gut gekonterten Angriff viel Selbstsicherheit gewinnt.

Wenn Sie nicht direkt reagieren möchten oder können

Die vier beschriebenen Strategien sind hauptsächlich für öffentliche Situationen im Berufsleben gedacht. Bei vielen Chefs ist es jedoch sinnvoller, besonders, wenn Sie eine vertrauensvolle Beziehung zu ihm haben, die so genannte „Metakommunikation" zu betreiben, das heißt, sich darüber zu unterhalten, wie Sie miteinander sprechen und auch auszudrücken, wie das letzte Gespräch auf Sie gewirkt hat. Wie bereits angesprochen, kann ein solch klärendes Gespräch mit Ihrem Vorgesetzten sehr hilfreich sein. Sie sollten klar das Problem benennen, das Sie mit Ihrem Chef haben. Sie müssen eine Entscheidung treffen, wann Sie den Angriff öffentlich abwehren und wann Sie ein klärendes Vier-Augen-Gespräch suchen.

4.3   Mobbing – Wie kann ich mich wehren?

Mobbing ist ein in der gegenwärtigen Zeit häufig und schnell benutztes Wort. Sie sollten sehr vorsichtig mit dem Gebrauch dieses Begriffs sein, da Sie Ihren Chef zum bösartigen Täter machen, dessen Handeln Sie so ausgeliefert sind, dass Sie Unterstützung von Dritten benötigen.

Unter Mobbing (aus dem Englischen „to mob" = anpöbeln, schikanieren) versteht man Strategien, mit Hilfe derer Ihr Chef sich hinterrücks von Ihnen, ohne offene Aussprache, entledigen will oder Sie mit unfairen Mitteln zu etwas zwingen will, das Sie nicht möchten. Selbst unfaire Angriffe sollte man nicht gleich als Mobbing bezeichnen, da Sie, wie oben bereits gezeigt, selbst aktiv etwas dagegen tun können.

Mobbing bezeichnet hier Formen von dauerhaftem und absichtlichem Psychoterror.

Mobbing findet man häufiger in Organisationen, in denen die Chefs keinen Einfluss auf die Wahl ihrer Mitarbeiter haben und dann strategisch solche unfairen Mittel einsetzen, um sich unliebsamer Mitarbeiter zu entledigen. Es ist häufig schwierig, die Abgrenzung zwischen Mobbing und einem starken persönlichen Konflikt mit dem Chef vorzunehmen.

Zu den häufigsten Mobbing-Verhaltensweisen von Vorgesetzten gehören (vgl. Heinz Leymann):

◆ Angriffe auf die Beziehungen zu Arbeitskollegen (z.B. Einzelarbeitsplatz ...)
◆ Angriffe auf die Meinungsäußerung von Mitarbeitern (z.B. Telefonterror, Drohungen, Dauerkritik ...)
◆ Angriffe auf das Ansehen in der Abteilung (z.B. Gerüchte verbreiten, Angriffe auf Nationalität, Entwürdigungen ...)
◆ Angriffe auf die Arbeitszufriedenheit (z.B. kränkende Arbeitsaufgaben ...)
◆ gesundheitliche Angriffe (z.B. Androhung körperlicher Gewalt, sexuelle Handgreiflichkeiten ...)

Solange es sich um einen Konflikt mit starkem feindseligem Charakter handelt, kann es hilfreich sein, dies direkt in einem klärenden Gespräch mit dem Vorgesetzten anzusprechen. Sie sollten die Eindrücke, die Sie haben und die Dinge, die Ihnen nicht gefallen, ansprechen. Zeigen Sie Ihrem Chef deutlich seine Grenzen auf.

Gegebenenfalls sollten Sie den Chef Ihres Chefs zu diesem Gespräch dazubitten. Selbst bei einem starken Konflikt können Sie selbst noch aktiv werden. Wichtig ist, dass Sie reagieren und nicht alles dulden.

Wenn es zu eindeutigen Macht- oder Rechtsübergriffen Ihres Chefs kommt, sollten Sie sich Unterstützung von anderen holen. Im Internet finden Sie hier unter dem Suchbegriff „Mobbing" viele Hinweise und Ansprechstellen.

Eine solche Unterstützung bei Mobbing könnte
◆ ein Beratungsgespräch mit einem Coach oder Psychotherapeuten sein,
◆ ein Gespräch mit einem Rechtsanwalt,
◆ das Einbeziehen des Betriebsrates,
◆ das Aufsuchen von speziellen Beratungsstellen oder
◆ Gespräche mit Kollegen.

Seien Sie kein wehrloses Opfer, tun Sie etwas.

Je stiller Sie sind, umso mehr kann dies von böswilligen Vorgesetzten ausgenutzt werden. Wenn alles nichts hilft, suchen Sie sich einen neuen Arbeitsplatz, denn die gesundheitlichen und psychischen Folgen von Mobbing können immens sein.

Auf den Punkt gebracht:

◆ Versuchen Sie, konstruktive Kritik für Ihre persönliche Weiterentwicklung zu nutzen. Bemühen Sie sich, dass Ihr Vorgesetzter diese möglichst konkret formuliert.

◆ Ein Kritikgespräch können Sie in eine konstruktive Richtung lenken, indem Sie nachfragen, was Ihr Vorgesetzter genau meint und welche Erwartungen er an Sie hat.

◆ Nehmen Sie nicht jede Kritik persönlich und machen Sie sich bewusst, dass auch die Kritik Ihres Vorgesetzten nur seine subjektive Sichtweise ist, auch wenn er versucht, diese als objektiv darzustellen.

◆ Wenn Sie einen Fehler gemacht haben, versuchen Sie nicht, etwas zu vertuschen, sondern stehen Sie dazu und zeigen Sie Lösungen auf.

◆ Wenn Ihr Vorgesetzter einen persönlichen Angriff gestartet hat, versuchen Sie, dies in einem persönlichen Gespräch anzusprechen, und zeigen Sie ihm seine Grenzen auf.

◆ Werden Sie im Falle echten Mobbings aktiv. Holen Sie sich Unterstützung.

5 Die wichtigsten Cheftypen und der Umgang mit ihnen

Die verschiedenen Persönlichkeitstypen

Wie sich ein Vorgesetzter in bestimmten Situationen verhält, hängt nicht nur von seiner jeweiligen Stimmung und der aktuellen Unternehmenssituation ab, sondern auch davon, welchen Charakter er hat und zu welchem Persönlichkeitstyp er gehört. Um Ihren Chef besser einzuschätzen, ist es hilfreich, sich mit den verschiedenen Persönlichkeitstypen zu beschäftigen. Kennt man die Grundstruktur des Chefs, kann man ihn besser verstehen und steuern. Die folgenden Persönlichkeitstypen basieren auf den Persönlichkeitsmodellen von Alexander Lowen und Ron Kurtz. Die ursprünglichen Begriffe wurden zwecks besserer Darstellung verändert. Die dargestellten Typen kommen selten in reiner Form vor. Die meisten Menschen sind Mischtypen, wobei jedoch stets ein bestimmter Typ dominiert. Die folgende Darstellung der Persönlichkeitstypen soll nicht der Festschreibung Ihres Chefs dienen, sondern Ihnen eine Anregung zum Nachdenken liefern. Wollen Sie erfolgreich mit Ihrem Vorgesetzten zusammenarbeiten, müssen Sie sich in einem gewissen Maße auf den Persönlichkeitstyp einstellen. Welches sind die fünf grundlegenden Cheftypen und wie führen sie Mitarbeiter?

5.1 Der analytische Chef

Der analytische Chef ist ein Einzelgänger und Individualist. Er hat eine gute Abstraktionsfähigkeit, eine gute Beobachtungsgabe und einen scharfen Verstand. Manche nennen ihn „Träumer", da er Visionen entwickeln kann. Beim Kontakt mit Kollegen, hat er die Tendenz, unbequem zu sein und revolutionäre

Ideen einzubringen. Er wirkt im Kontakt mit anderen kühl und reserviert, manchmal sogar arrogant. Selten zeigt er Gefühle. Nähe erzeugt Angst und intensive Gruppenprozesse und starke Bindungen meidet er. Er hat wenig Kontakt ins Unternehmen hinein. Gespräche mit Mitarbeitern führt er eher kurz und sachlich. Auch ist er wenig um Verständnis bemüht. Große Gefühle können Sie von diesem Chef nicht erwarten. Der Analytiker ist ein Einzelgänger und arbeitet oft abgeschirmt von anderen. Für diese Art von Chef ist der PC das Hauptarbeitsmittel. Man findet diesen Typ oft in den Bereichen Entwicklung oder Finanzen. Manchmal können Sie wahre Zahlenfetischisten sein.

Führungseigenschaften:

◆ scharfe Beobachtungsgabe
◆ sehr guter Analytiker
◆ starke kreative Fähigkeiten
◆ Einzelkämpfer
◆ distanzierter Führungsstil
◆ wenig Vertrauen in Mitarbeiter

Umgang als Mitarbeiter:

Wenn Sie einen Analytiker als Chef haben, können Sie nicht viel Nähe und Kontakt von ihm erwarten. Solche Chefs wollen eine starke Distanz zu ihren Mitarbeitern. Versuchen Sie, ihn so zu akzeptieren, wie er ist. Seien Sie nicht enttäuscht, wenn Sie keine emotionale Nähe oder Wärme bekommen. Wenn Sie mit ihm reden, versuchen Sie, sachlich zu bleiben, und bringen Sie viele Zahlen, Daten, Fakten und Statistiken. Nur über Zahlen können Sie ihn überzeugen.

5.2   Der kommunikative Chef

Fast das Gegenteil des Analytikers ist der Kommunikative. Dieser braucht viel Nähe, ist sehr gesprächig und vermeidet Distanz. Er ist der typische „Stimmungsmacher", der ideale

Gruppenmensch, der herzlich und offen auf andere zugeht und ein gutes Gruppenklima erzeugt. Nähe, Geborgenheit und Dazugehörigkeit sind für ihn das Wichtigste. Er hat ein großes Netzwerk im Unternehmen. Die Beziehung zu den Mitarbeitern ist ihm oft wichtiger als Sachthemen oder Zielsetzungen. Häufig hat er innere Konflikte, da er ja gegenüber seinen Mitarbeitern vertreten muss, was von oben entschieden wird. Er ist stark von der Einschätzung anderer Menschen abhängig und hängt somit am „Tropf der Zuwendung". Unter Kritik leidet er sehr. Auch das Nein-Sagen fällt ihm schwer. Dies ist insofern von Nachteil für Sie, als dass er sich nach oben schlecht durchsetzen kann. Konflikten und Auseinandersetzungen geht er in der Regel aus dem Weg, weil sie die gute Beziehung zu anderen gefährden könnten. Er kann auch schlecht aggressiv sein. Alleinsein ist ihm ein Gräuel.

Führungseigenschaften:
◆ warmherziger und zugewandter Umgang mit Mitarbeitern
◆ hohe Hilfsbereitschaft
◆ gute Kommunikationsfähigkeit
◆ übt wenig Führung und Konfrontation aus
◆ kann schlecht seine Interessen nach oben durchsetzen
◆ geringes Durchsetzungsvermögen
◆ konfrontiert kritikwürdige Kollegen nicht

Umgang als Mitarbeiter:

Da gute Beziehungen für ihn das Wichtigste sind, versuchen Sie, eine solche gute Beziehung zu ihm aufzubauen, indem Sie den Kontakt zu ihm suchen. Stellen Sie sich darauf ein, dass er Sie wenig führt. Nutzen Sie die Gestaltungsfreiräume, die er bietet. Wenn er für Sie etwas nach oben durchsetzen muss, bleiben Sie dran und sprechen Sie es öfters an, da er sonst nichts unternimmt. Mitarbeiterbesprechungen dauern häufig lange. Versuchen Sie, ihm zu helfen, diese etwas zu strukturieren. Nehmen Sie jedoch daran teil, da er eine Nichtteilnahme als persönliche Demütigung wertet. Manchmal können diese Chefs Sie sogar mit Gesprächen von der Arbeit abhalten.

5.3   Der Chef als Macher

Der Macher als Vorgesetzter hat häufig beruflichen Erfolg und kann sich gut in Szene setzen, da er permanent in Aktion ist. Er steht häufig im Mittelpunkt und ist meist ein guter Führer und Leiter. Er will beherrschen, kontrollieren und überlegen sein. Er überschreitet häufig eigene und fremde Grenzen und versucht, einem gesellschaftlichen Image zu entsprechen. Teilweise spielt er eine Rolle, der er gar nicht entspricht. Er hat manchmal Größenphantasien und verkauft häufig ein Scheinbild von sich. Er macht vieles selbst und scheut sich, andere um Rat zu fragen. Er kann gut motivieren und zeigt viel Initiative.

Führungseigenschaften:
◆ effektvolle Repräsentation
◆ geringe Kooperationsfähigkeit
◆ viele Visionen
◆ steht gerne im Mittelpunkt und braucht ständigen Beifall
◆ ist als Führungsperson gut akzeptiert
◆ ist sehr erfolgsorientiert
◆ kann andere gut überzeugen
◆ hat eine hohe Durchsetzungskraft
◆ ist abenteuerlustig
◆ braucht Macht und Prestige

Umgang als Mitarbeiter:

Dieser Chef braucht Beifall und Anerkennung. Geben Sie ihm diese, dann haben Sie es leichter mit ihm. Versuchen Sie nicht, mit ihm zu konkurrieren. Dies nimmt er sehr persönlich. Das Gleiche gilt für Kritik. Er bringt seine Abteilung meistens in eine gute Position. Versuchen Sie, seine Erfolgsorientierung zu unterstützen, dann haben Sie auch etwas davon. Manchmal müssen Sie ihn bei Projekten vorsichtig stoppen, da er zur Selbstüberschätzung neigt. Achten Sie im Kontakt mit diesem Cheftyp auf sich, da er sehr viel mit sich beschäftigt ist und auch Grenzen von anderen wenig respektiert.

5.4   Der verlässliche Chef

Der Verlässliche ist ein beständiger Mensch, der einen starken Wunsch nach Dauer und Kontinuität hat. Er ist der „Fels in der Brandung". Neues ist für ihn immer ein Wagnis. Er ist ein sachlicher und nüchterner Mensch, auf den man sich verlassen kann. Er hat ein hohes Sicherheitsbedürfnis und hält an Gewohnheiten und Meinungen fest. Spontanes, Experimente und Unvorhergesehenes machen ihm Angst. Manchmal hat er Schwierigkeiten, sich durchzusetzen.

Führungseigenschaften:
◆ verantwortungsvoll, sparsam, gründlich und ausdauernd
◆ braucht viel Kontrolle
◆ verbreitet Klarheit
◆ zeigt Fürsorge
◆ Arbeitstier
◆ fördert teilweise sehr bürokratische Strukturen und hat autoritäre Tendenzen
◆ erfordert eine hohe Loyalität von seinen Mitarbeitern

Umgang als Mitarbeiter:

Versuchen Sie nicht, ihn zu schnell mit Neuem zu konfrontieren. Zeigen Sie auch Verlässlichkeit und Gründlichkeit bei der Erledigung Ihrer Aufgaben. Vor allem: Seien Sie pünktlich. Stellen Sie deutlich Ihre Loyalität zu ihm heraus. Erwarten Sie keine hohe Veränderungsbereitschaft. Wenn Sie ein gutes Verhältnis zu ihm haben, wird er sich Ihnen gegenüber loyal verhalten, denn er braucht stabile Beziehungen zu Mitarbeitern. Halten Sie die Regeln ein, die er aufstellt.

5.5   Der perfektionistische Chef

Der Perfektionist hat ein starkes Leistungsstreben und ist sehr wettbewerbsorientiert. Er ist sehr logisch und ernst. Häufig findet man ihn lange am Schreibtisch. Teilweise wirkt er steif und verbissen. Er ist „hart wie Kruppstahl" und wirkt etwas verbissen. Gefühle sind für ihn häufig ein Fremdwort. Der perfektionistische Chef ist im Gegensatz zum Cheftyp „Macher" erfolgreich, nicht weil er im Mittelpunkt stehen will, sondern weil er den Perfektionismus liebt.

Führungseigenschaften:
◆   zeigt eine hohe Leistungsorientierung
◆   wenig Verständnis bei Fehlern von Mitarbeitern
◆   sehr hohe Ansprüche an sich und seine Mitarbeiter
◆   hohe Arbeitsgeschwindigkeit
◆   hohes Durchhaltevermögen
◆   manchmal etwas unpersönlich
◆   hohe Erwartungen an die Mitarbeiter
◆   sachlich, tatkräftig, ausdauernd, zielorientiert und
    erfolgreich

Umgang als Mitarbeiter:

Sie haben als Mitarbeiter eine echte Herausforderung mit einem perfektionistischen Chef. Er wird nur durch Ihre Leistung, nicht durch eine gute Beziehung zu überzeugen sein. Wenn Sie seinen Ansprüchen nicht gerecht werden, haben Sie schlechte Karten. Auch liebt er Fehler nicht besonders. Bereiten Sie sich auf Gespräche mit ihm gut vor. Achten Sie darauf, dass Sie bei einem perfektionistischen Chef nicht Ihre persönlichen Grenzen zu sehr überschreiten, da er immer noch mehr von Ihnen fordert. Er verlangt von seinen Mitarbeitern genauso viel wie von sich selbst. Versuchen Sie nicht, mit ihm zu konkurrieren, da er andere schnell als Rivalen ansieht. Respektieren Sie seine Leistung.

Auf den Punkt gebracht:

◆ Es gibt unterschiedliche Cheftypen, die unterschiedliche Stärken und Schwächen haben. Versuchen Sie, sich auf Ihren Cheftyp einzustellen.

◆ Der analytische Chef ist nicht gerade mitarbeiterorientiert und will lieber alleine arbeiten. Er hat eher intellektuelle und kreative Fähigkeiten.

◆ Der kommunikative Chef ist sehr beziehungsorientiert und mitarbeiterbezogen. Leider kann er sich nicht richtig durchsetzen.

◆ Der Macher-Typ als Chef ist immer in Aktion. Er will häufig im Mittelpunkt stehen. Bringt aber seinen Bereich nach vorne.

◆ Der verlässliche Chef ist der „Fels in der Brandung". Allerdings ist er auch etwas regelverliebt und bürokratisch. Wenn Sie zu ihm eine gute Beziehung haben, können Sie sich auf ihn verlassen.

◆ Dem perfektionistischen Chef kann man es kaum recht machen. Er hat hohe Ansprüche und Forderungen.

6 Motiviert sein, mit oder ohne Vorgesetzten

Es kommt enscheidend auf Sie selbst an

Bei der Arbeit motiviert zu sein ist nicht nur für die Firma gut, sondern auch wichtig für Ihre Zufriedenheit. Sie hatten sicher auch schon Zeiten, in denen Ihnen die Arbeit keinen Spaß gemacht hat oder die Motivation weg war. Nichts ist unbefriedigender, als sich morgens zwingen zu müssen, zur Arbeit zu gehen, und dann den ganzen Tag auf die Uhr zu schauen, wann der Tag endlich vorbei ist. Jeder hat bestimmt schon eine ähnliche Situation erlebt. Nach einem solchen Tag fühlt man sich meistens energie- und lustlos.

Dies ist nicht nur für Ihren Chef und die Firma schlecht, sondern vor allem für Sie. Selbst eine gute Bezahlung kann jahrelanges Leiden nur begrenzt ausgleichen. Viele suchen dann einen Ausgleich in privaten Aktivitäten. Sie engagieren sich in Vereinen und im Sport. Auch Wellness ist ein beliebtes Mittel, um sich von unbefriedigender Arbeit abzulenken. Sie verbringen einen Großteil Ihrer Zeit mit der Arbeit und sollten zufrieden dabei sein.

Manchmal kommt sogar die „innere Kündigung" ins Spiel, so bezeichnet man es, wenn man versucht, seine Arbeit nur mit einem Mindestmaß an Energieaufwand zu bewältigen. Ein anderes Mal bemerken wir, dass unsere Motivation nachlässt, und wir glauben dann, etwas tun zu müssen. Viele warten darauf, dass der Vorgesetzte etwas tut. Manchmal kann dieses Warten sehr lange dauern. Nicht jeder Vorgesetzte ist ein Motivationskünstler und nicht jede Firma bietet Anreize, die für Motivation sorgen. Entscheidend ist hier, dass Sie selbst Spaß, Befriedigung und Sinn bei der Arbeit finden.

6.1 Unser größter Wunsch: Zufriedenheit und Motivation

Die erste wichtige Voraussetzung, unabhängig von Ihrem Vorgesetzten und Ihrer Firma, ist natürlich, die richtige Berufswahl getroffen zu haben bzw. die richtige Tätigkeit auszuüben. Hierbei kann Ihnen Ihr Chef nur sehr begrenzt helfen. Wenn Sie Schreiner werden wollten und jetzt in einer Bäckerei arbeiten, haben Sie ein echtes Problem. Es sei denn, Sie haben Spaß an der Arbeit als Bäcker gefunden.

Die Aufgabe, die Ihnen keiner abnehmen kann, ist, sich zu fragen:

◆ Was macht mir beruflich Spaß?
◆ Was finde ich herausfordernd?
◆ Wo finde ich Sinn und Befriedigung?

Diese Fragen sollte sich jeder von Zeit zu Zeit stellen, unabhängig vom Vorgesetzten. Gerade in der jetzigen Zeit, in der man nicht so leicht eine neue Stelle findet, ist dies umso wichtiger, da Sie nur dort erfolgreich sind, wo Sie mit Spaß und Engagement dabei sind.

Selbst wenn man erbt oder im Lotto gewinnt, ist es langfristig wichtig, eine befriedigende Aufgabe zu finden. Ist es nicht eine verlockende Vorstellung, wenn der Tag im Flug vergeht, weil Sie mit Spaß bei der Sache sind und gegen Tagesende zufrieden nach Hause gehen. Sie haben die Möglichkeit, dies anzugehen.

Manchmal kann man auch innerhalb der eigenen Firma seinen Traumjob finden.

Wenn Sie Spaß an Ihrer Arbeit haben, kann dies höchst zufrieden stellend sein. Dies kann sogar manchmal über einen nicht so idealen Vorgesetzten hinweghelfen. Natürlich muss auch das Geld stimmen. Aber eher als wichtige Rahmenbedingung.

6.2 Gegen die „innere Kündigung" kämpfen

Von dem Phänomen der „inneren Kündigung" scheinen nicht wenige Mitarbeiter betroffen zu sein. Wer innerlich gekündigt hat, macht „Dienst nach Vorschrift". Man bringt nur ein Mindestmaß an Energie auf und versucht, dabei nicht aufzufallen. Dies ist natürlich weder für das Unternehmen noch für den Mitarbeiter befriedigend. Das Unternehmen bekommt nicht die volle Leistung. Der Mitarbeiter sitzt seinen Job aus, ohne irgendeine Art der Befriedigung zu finden. Meistens ist die „innere Kündigung" eine passive Reaktion auf eine Frust- oder Konfliktsituation.

> Wer innerlich kündigt, würde am liebsten wirklich kündigen, tut es aber nicht, aufgrund der aktuellen Arbeitsmarkt- oder Lebenssituation.

Gründe für die „innere Kündigung" können sein:
◆ schlechte Bezahlung,
◆ keine Beförderung,
◆ ein Konflikt mit dem Vorgesetzten oder Kollegen,
◆ Frust über eine Entscheidung des Vorgesetzten,
◆ schlechte Arbeitsbedingungen,
◆ nicht erfüllte Fortbildungswünsche,
◆ ein abgelehnter Vorschlag oder abgelehntes Projekt usw.

Wer innerlich kündigt, sagt eigentlich: „Mir reicht's und jetzt zeige ich Dir, was Du (Vorgesetzter) davon hast." Man will es dem Vorgesetzten „heimzahlen". Unter Umständen merkt die Firma oder der Vorgesetzte zunächst gar nicht, dass Sie Ihre Energie zurückgeschraubt haben. Wenn es aber erst aufgefallen ist, wird dies bei der nächsten Beurteilung zur Sprache kommen. Eine „innere Kündigung" beinhaltet immer auch ein Risiko. Das Entscheidende bei der „inneren Kündigung" ist, dass Sie nicht mehr die Befriedigung und den Erfolg bei der Arbeit haben, sondern frustriert sind. Dies wird sich langfristig negativ auf Ihre Stimmung auswirken. Die Folgen bleiben nicht nur auf Ihren Beruf beschränkt, sondern können sich auch auf Ihr Privatleben auswirken, da Sie Ihre Unzufriedenheit mit nach Hause nehmen. Es können sich sogar psychosomatische Beschwerden einstellen. Wenn Sie Erfolg im Beruf haben, wirkt sich dies auch positiv auf Ihr Selbstvertrauen aus. Der entscheidenste Schritt, um gegen die „innere Kündigung" anzugehen, ist von der Passivität in die Aktivität zu gelangen, frei nach dem alten Sponti-Spruch: „Ohne action, keine satisfaction."

Was können Sie gegen die „innere Kündigung" tun?

Die Situation analysieren

Machen Sie sich zunächst klar, was Sie konkret an der jetzigen Situation stört bzw. was unbefriedigend für Sie ist. Beachten Sie jedoch auch die positiven Aspekte und notieren Sie, was für Sie befriedigend ist, damit Sie nicht nur das Negative sehen.

Fragen:

- ◆ Was stört mich?
- ◆ Warum stört es mich?
- ◆ Was gefällt mit gegenwärtig gut?
- ◆ Was macht mir Spaß?
- ◆ Was will ich verändern?
- ◆ Was will ich bei meinem Chef erreichen?
- ◆ Was kann ich tun, wenn sich nichts verändert?

Versuchen Sie, mit Freunden und Kollegen die Situation zu besprechen und neue Ideen zu bekommen. Manchmal kann Ihnen hier auch ein Coach helfen, um die Situation genau zu betrachten. Bereiten Sie dann das Gespräch mit Ihrem Chef gründlich vor und notieren Sie sich die Punkte, die Sie ansprechen wollen.

Das Gespräch mit dem Chef suchen

Versuchen Sie, in einem angemessenen Rahmen und in Ruhe ein Gespräch über die Dinge zu führen, die Sie wirklich stören. Sprechen Sie auch die heiklen Punkte an, da Sie ja eine Veränderung erreichen wollen.

Heikle Punkte können sein:
◆ aktuelle Konflikte mit Ihrem Chef,
◆ aktuelle Konflikte mit Kollegen,
◆ Weiterbildung,
◆ Entwicklungsmöglichkeiten,
◆ mehr Geld,
◆ mehr Verantwortung,
◆ interessantere Tätigkeit, usw.

Halten Sie Vereinbarungen mit dem Vorgesetzten schriftlich fest. Notieren Sie die Punkte, bei denen Sie keine Verbesserung erreicht haben. Manchmal ist hier ein zweites Gespräch notwendig.

Etwas verändern

Nach dem Gespräch müssen Sie nun beurteilen, wie zufrieden Sie mit der Lösung sind. Seien Sie dabei realistisch, nicht alle Ihre Wünsche können sofort erfüllt werden. Wenn Sie nach wie vor unzufrieden sind, müssen Sie nun Konsequenzen ziehen. Das heißt, dass Sie auch in Betracht ziehen müssen, sich innerhalb oder gegebenenfalls auch außerhalb des Unternehmens einen neuen Job zu suchen. Wägen Sie ab, wie unbefriedigend Ihre Situation ist. Sie müssen dabei auch berücksichtigen, dass jede Tätigkeit auch Dinge beinhaltet, die einem nicht hundertprozentig Spaß machen. Bedenken Sie, dass bei einem Wechsel ähnliche oder andere Probleme mit Ihrem neuen Chef auftauchen können. Listen Sie die Vorteile und Nachteile Ihres momentanen Jobs auf.

6.3 Tipps für die Selbstmotivation

„Nichts ist schrecklich, was notwendig ist."
(Euripides)

Selbstmotivation ist auch dann, wenn man nicht bereits innerlich gekündigt hat, für viele ein Dauerthema. Jeder erlebt in seinem beruflichen Leben Phasen, in denen die Motivation nicht so ist, wie man sich es wünscht. Phasen mit Hochs und Tiefs im beruflichen Leben. Natürlich spielt hier Ihr Chef eine wichtige Rolle, allerdings können Sie selbst auch einiges dazu beitragen. Dies ist gerade dann wichtig, wenn Sie sehr selbstständig arbeiten. Man verlangt von den Mitarbeitern, dass sie eine gewisse Selbstmotivation aufbringen.

Was heißt eigentlich Selbstmotivation?

Selbstmotivation hilft uns, immer wieder Begeisterung und Spaß für unsere Arbeit aufzubringen.

Man muss sich zunächst bewusst machen, dass jede Arbeit Aspekte hat, die man nicht so mag, oder Aufgaben, die man vor sich herschiebt. Das gehört auch dazu. Jeder hat bestimmte Ziele, Wünsche und Projekte, die im Tagesleben oder Tagesgeschäft zu kurz kommen und die mit mehr Selbstmotivation leichter von der Hand gehen würden.

Eine hohe Selbstmotivation zu haben bedeutet nicht, überdreht und hektisch durch die Firma zu laufen und wie im Drogenrausch „manisch" die Welt zu erleben. Eine hohe Selbstmotivation bedeutet, mit Interesse, Spaß und Freude die Dinge anzugehen und einen Sinn in seiner Tätigkeit zu sehen. Eine hohe Selbstmotivation verhilft Ihnen dazu, mit Begeisterung die notwendigen Aufgaben zu erledigen, wobei Sie nicht jede Sekunde des Tages motiviert sein müssen. Es geht mehr um das grundlegende Gefühl, das Sie für Ihren Job empfinden.

Letztendlich hat Selbstmotivation viel mit Selbststeuerung, Selbstmanagement und Persönlichkeitsentwicklung zu tun. Je besser Sie sich kennen und wahrnehmen, umso besser können Sie sich auch steuern. Je stärker Sie Ihre Anliegen, Wünsche und Bedürfnisse kennen, desto mehr können Sie für die Erfüllung Ihrer Wünsche tun. Dies alles ist zum Teil unabhängig von Ihrem aktuellen Chef.

Was können Sie konkret tun, um Ihre Selbstmotivation für bestimmte Ziele zu erhöhen:

1. Bauen Sie Ihre Demotivatoren ab

Statt nur darauf zu achten, wie Sie sich selbst stärker motivieren können, ist es mindestens genauso wichtig zu erkennen, was Sie im Moment demotiviert.
Sie müssen erst das abstellen, was Sie demotiviert, um sich überhaupt wirkungsvoll motivieren zu können.

Eine Demotivation kann unterschiedliche Ursachen haben:

◆ ein Chef, mit dem Sie nicht klarkommen,
◆ zu viel Routine in Ihrem Job,
◆ Ihre Einstellung zur Arbeit,
◆ Arbeitskollegen, mit denen Sie gerade eine Auseinandersetzung haben,
◆ allgemeine Arbeitsbedingungen,
◆ technische Probleme (z.B. langsamer PC).

Machen Sie sich Ihre Demotivatoren bewusst und entwickeln Sie Maßnahmen, diese abzubauen. Dies klingt natürlich leichter, als es tatsächlich ist. Es ist jedoch immer wichtiger, die eigentliche Ursache für ein Problem zu erkennen, anstatt nur die Symptome abzubauen. Manchmal kann hier ein Gespräch mit einem kompetenten Coach helfen.

Fragen:

Was demotiviert mich?
Was kann ich tun, um die Demotivatoren abzubauen?

2. Finden Sie Ihre persönlichen Motivatoren heraus

Was jeden einzelnen motiviert, ist höchst unterschiedlich. Für den einen ist Geld oder eine Herausforderung wichtig, für den anderen Status oder soziale Anerkennung. Denken Sie selbst darüber nach, was Sie motiviert. Machen Sie sich eine Liste Ihrer Motivatoren. Beobachten Sie sich eine Woche lang selbst. Wenn Sie Klarheit darüber haben, was Sie motiviert, können Sie die entsprechenden Bedingungen gestalten.

Die Motivatoren können höchst unterschiedlich sein:

◆ Spaß an der Arbeit,
◆ eine verantwortungsvolle Tätigkeit,
◆ Geld, Prämien usw.,
◆ eine gute Arbeitsatmosphäre,
◆ mit Kollegen zusammenzuarbeiten,
◆ Herausforderungen meistern,
◆ ein inspirierendes Arbeitsumfeld,
◆ besser sein als andere (Konkurrenz).

Viele werden sagen, dass Sie Geld alleine motiviert. Dies jedoch greift häufig zu kurz. Zwar kann man mit Geld viel kompensieren, meistens haben Sie jedoch noch weitere Bedürfnisse.

Fragen:

Was motiviert Sie bei der Arbeit?
Was können Sie tun, damit diese Motivatoren mehr Wirkung haben?

3. Belohnen Sie sich selbst und feiern Sie Erfolge

Belohnungen können motivieren. Dies wissen Eltern, Lehrer und Vorgesetzte. Sie können dieses Prinzip auch für sich selbst anwenden.

Belohnen Sie sich, wenn Sie etwas geleistet haben.

Beschenken Sie sich nach dem Erreichen eines Zieles. Gönnen Sie sich etwas, wenn Sie Erfolg hatten. Dies können auch kleine Dinge sein wie ein Buch, eine DVD oder ein Gang ins Kino. Feiern Sie Ihre persönlichen Erfolge. Erst durch das Feiern eines Erfolges bekommt der Erfolg den richtigen Stellenwert. Viele Menschen, gerade in Deutschland, haben es verlernt, Erfolge zu feiern und zu genießen. Meistens kommt hier der Sepp-Herberger-Spruch: „Nach dem Spiel ist vor dem Spiel", der aber dazu führen kann, dass man sich zu schnell mit der nächsten Sache beschäftigt. Genießen Sie es, wenn Sie Ihre Ziele erreicht haben.
Wie können Sie sich selbst für Ihre Erfolge belohnen?
Überlegen Sie, wie Sie sich bei Erfolgen selbst belohnen können.

4. Setzen Sie sich inspirierende Ziele

Nichts motiviert mehr als ein inspirierendes Ziel. Es gibt genug Geschichten von Menschen, die sich in ihrer Jugend ein Ziel gesetzt haben und dieses verfolgt haben, bis sie es erreicht hatten. Überlegen Sie sich, was Sie dieses Jahr beruflich erreichen wollen. Denken Sie darüber nach, wie Ihr Leben in zehn Jahren aussehen soll. Stellen Sie sich vor, wie Ihr Leben aussieht, wenn Sie diese Ziele erreicht haben. Ziele haben eine gewaltige Motivationskraft. Auch ein gewisser Zeitdruck, verbunden mit der Zielsetzung, ist für manche Menschen eine wichtige Motivation. Setzen Sie sich selbst Termine und kommunizieren Sie diese. Mit sich selbst vereinbarte Termine können konkrete Handlungen bewirken.

Fragen:

Was ist mein wichtigstes berufliches Ziel?
Was möchte ich noch erreichen?

5. Unterstützen Sie sich selbst auf dem Weg zum Ziel

Viel Selbstmotivation geht durch den eigenen „inneren Kritiker" verloren. Viele kennen vielleicht das Phänomen, dass wir selbst unser schärfster Kritiker sind. Wir vergleichen uns ständig mit anderen und manchmal glauben wir selbst nicht an unseren eigenen Erfolg. Solche destruktiven inneren Dialoge sind Gift für unsere Selbstmotivation. Vergleichen Sie sich nicht mit anderen, sondern konzentrieren Sie sich auf Ihre eigene Entwicklung und Ihre Fortschritte. Erinnern Sie sich häufiger an die Erfolge in Ihrer Vergangenheit. Dies gibt Ihnen Kraft für das Erreichen Ihrer zukünftigen Ziele. Versuchen Sie, sich selbst gut zuzureden.
Überlegen Sie, wie Sie sich selbst gut zureden und mehr Unterstützung geben können.

6. Machen Sie sich den Sinn Ihrer Tätigkeit klar

Jede Tätigkeit hat irgendeinen Sinn oder Zweck. Häufig verlieren wir den Sinn einer Tätigkeit aus den Augen. Wenn Sie sich wieder neu den Sinn Ihrer Tätigkeit vor Augen führen, gewinnen Sie die Energie für die Erledigung der Aufgaben zurück.

Fragen:

Was ist der Sinn meiner Tätigkeit aus einer übergeordneten Perspektive für mich persönlich?
Was ist der Sinn der Aufgabe für meine Firma oder meinen Chef?

7. Gewinnen Sie den Spaß an Ihrer Tätigkeit zurück

Wenn eine Tätigkeit Spaß macht, wird keiner nach mehr Selbstmotivation fragen. Menschen, deren Tätigkeit ihnen Spaß bereitet, brauchen keinen teuren Motivationstrainer. Klären Sie, was Ihnen im Job Spaß macht, und versuchen Sie, sich stärker in dieses Tätigkeitsfeld hineinzubewegen. Machen Sie Ihren Beruf zur Berufung. Es reicht nicht aus, nur für Ziele zu arbeiten, auch der Weg zu einem Ziel sollte eine gewisse Befriedigung bringen.
Erfolgreiche Menschen gehen in ihrer Tätigkeit auf. Wenn Sie voll in Ihrer Tätigkeit aufgehen, spielt Zeit keine Rolle mehr und Sie machen sich keine Gedanken über Selbstmotivation.

Fragen:

Was macht mir gegenwärtig an meinem Job Spaß?
Wie kann ich die Freude an meiner Tätigkeit wiedererlangen?

Auf den Punkt gebracht:

◆ Versuchen Sie, Sinn, Zufriedenheit und Spaß an Ihrer Tätigkeit wiederzuerlangen. Dies wird sich auf Ihr ganzes Leben auswirken.

◆ Die „innere Kündigung" ist nicht nur für Ihre Firma schädlich, sondern vor allem für Sie. Tun Sie aktiv etwas dagegen.

◆ Analysieren Sie die Situation und suchen Sie das offene Gespräch mit Ihrem Vorgesetzten. Bleiben Sie nach dem Gespräch konsequent.

◆ Warten Sie nicht nur auf Motivation von außen, sondern tun Sie selbst etwas dafür.

◆ Folgende Dinge können Ihre Selbstmotivation steigern:

   ◆ Bauen Sie ab, was Sie demotiviert.

   ◆ Finden Sie heraus, was Sie motiviert.

   ◆ Feiern Sie persönliche Erfolge und geben Sie sich Anerkennung.

   ◆ Eigene, inspirierende Ziele schaffen Selbstmotivation.

   ◆ Werden Sie Ihr eigener Coach.

   ◆ Der Sinn einer Tätigkeit kann Energie geben.

   ◆ Wer Spaß an einer Tätigkeit hat, ist motiviert.

7 Als Chef mit dem Chef umgehen

Die Klippen der mittleren Positionen

Sobald Sie selbst Führungskraft sind, denken Sie, Sie haben es geschafft. Endlich sind Sie nicht mehr Mitarbeiter, sondern können selbst bestimmen und etwas bewegen. Sicher werden Sie auch einige Dinge anders machen als Ihre bisherigen Chefs. Nach einer Weile werden Sie vielleicht feststellen, dass Sie jetzt jemanden vor sich haben, der noch schwieriger zu handhaben ist als Ihr letzter Vorgesetzter. Hinzu kommt, dass Sie eine ganze Reihe von Mitarbeitern zu führen haben, die eventuell manchmal anderer Meinung sind als Sie. Sie müssen auch darauf gefasst sein, dass das Klima in den oberen Etagen etwas rauer wird. Wenn Ihnen als Mitarbeiter noch Ziele erläutert und vielleicht sogar kooperativ vereinbart wurden, werden Ihnen jetzt als Chef einfach Ziele gesetzt, ohne großen Kommentar. Sie bekommen zwar mehr Geld, aber die Firma erwartet auch mehr von Ihnen. Das Problem, mit dem eigenen Chef klarzukommen, bleibt das gleiche. Sie haben jetzt nur mehr Verantwortung und es wird noch mehr Eigeninitiative von Ihnen erwartet.

7.1 Sie sind kein Sandwich

In vielen Führungstrainings wird die Rolle eines Vorgesetzten in der mittleren und unteren Ebene häufig als Sandwich-Position bezeichnet. Damit ist gemeint, dass dieser Druck von zwei Seiten bekommt:

◆ Druck von oben (vom Chef) und
◆ Druck von unten (von den Mitarbeitern).

Man selbst ist der Belag des Sandwichs, der Gefahr läuft, vielleicht nach und nach zerquetscht zu werden. Wenn man dieses Modell in einem Führungstraining vorstellt, bekommt man

immer viel Zustimmung von den teilnehmenden Führungskräften. Jede Führungskraft spürt diesen Druck. Das Bild des
Vorgesetzten als Sandwich macht die Anforderungen an Führungskräfte deutlich und erzeugt ein Verständnis für den
Problemdruck in der mittleren Führungsebene.

Die Sandwich-Position des Vorgesetzten

Das Bild des Sandwichs kann auch hemmend für die eigene
Identität als Vorgesetzter sein. Es suggeriert, dass man dazu
verurteilt ist, passiv den Umständen ausgeliefert zu sein, und
fördert noch den Druck, den man ohnehin empfindet. Müssen
wir nicht bei allem, was wir tun, unterschiedliche Interessen
ausgleichen? Selbst der Vorstand muss sich dem Aufsichtsrat
stellen. Gehört es nicht zu den Kernaufgaben einer Führungskraft, mit Widersprüchen umzugehen und Gestaltungsräume zu
nutzen? Die Sandwich-Position beinhaltet, einerseits zu Ihren

Vorgesetzten eine gute Beziehung aufzubauen und andererseits nach unten durch glaubwürdiges Vorbildverhalten zu wirken.

Es kann auch anders sein!

Im bisher geschilderten Bild wird die mögliche Unterstützung von beiden Seiten ausgeblendet. Es gibt auch Vorgesetzte, die ihre Führungskräfte unterstützen und coachen. Auch gibt es Mitarbeiter, die voll hinter ihrem Chef stehen und ihm bei der Erfüllung seiner Aufgaben helfen. Sie sehen also, von dieser Seite kann auch viel Unterstützung und Hilfe kommen. Man sollte den Chef als einen zentralen Ansprechpartner sehen, der häufig zwischen unterschiedlichen Interessen und Anforderungen vermitteln muss. Wenn Sie von oben Druck bekommen oder unliebsame Entscheidungen von oben mittragen müssen, haben Sie als Chef immer vier Gestaltungsmöglichkeiten:

Sie können:
◆ den Druck oder die Entscheidung ungefiltert nach unten geben und voll dahinter stehen,
◆ für Ihre Mitarbeiter den Druck abmildern (Regenschirm-Funktion),
◆ sich aktiv mit Ihrem Chef auseinander setzen und versuchen, seine Entscheidung zu beeinflussen,
◆ eine Briefträger-Rolle einnehmen, indem Sie zwar weiterleiten, was von oben angeordnet wird, aber signalisieren, dass Sie nicht dahinter stehen (nicht zu empfehlen, da Sie als Vorgesetzter das Unternehmen vertreten).

Es gibt hier keine pauschal richtige Strategie. Sie müssen die Vor- und Nachteile der einzelnen Strategien abwägen und im Einzelfall entscheiden. Wichtig ist hier, dass Sie Wahlmöglichkeiten haben.

> Nehmen Sie Ihre Gestaltungsfunktion als Führungskraft wahr, statt nur ein unbeweglicher Teil eines Sandwichs zu sein.

7.2 Gute Rahmenbedingungen herstellen

Um Ihre Mitarbeiter gut zu führen, Ihre Führungsrolle effektiv einzunehmen und Ihre Gestaltungsmöglichkeiten voll zu nutzen, sind bestimmte Rahmenbedingungen notwendig. In vielen Unternehmen sind diese klar geregelt, in anderen nur zum Teil oder sogar gar nicht. Wenn die Rahmenbedingungen nicht stimmen, kann es zu den unterschiedlichsten Führungsproblemen kommen, unabhängig von Ihrem persönlichen Führungsstil. Fehlende Rahmenbedingungen sollten Sie aktiv bei Ihrem Chef einfordern.

Folgende Rahmenbedingungen sind für die Ausübung Ihrer Führungsrolle notwendig:

Klare Ziele und Aufträge

Ohne klare Ziele wissen Sie als Vorgesetzter gar nicht, in welche Richtung Sie sich bewegen sollen. Auch wenn in den meisten Unternehmen inzwischen Zielvereinbarungsgespräche mit Führungskräften eingeführt worden sind, kennen viele Chefs Ihre Ziele selbst nicht, weil vielleicht die obere Ebene noch daran arbeitet. Dies kann dazu führen, dass Sie bestimmte Ziele anstreben und erst im Nachhinein feststellen, dass Ihr Vorgesetzter etwas ganz anderes wollte. Daraus folgt dann natürlich Unzufriedenheit auf beiden Seiten.

> Versuchen Sie, Ihre angestrebten Ziele mit Ihrem Chef möglichst spezifisch zu klären.

◆ Die Ziele Ihres Chefs sollten spezifisch, messbar und terminiert sein.

◆ Unklare Aufträge können zu Missverständnissen führen.

◆ Klären Sie genau, was Ihr Chef will.

Folgende Fragen sind hilfreich, wenn Ihr Vorgesetzter Ihnen einen Auftrag erteilt:

- ◆ Was soll getan werden?
- ◆ Wie soll es getan werden?
- ◆ Bis wann soll es getan werden?
- ◆ Womit soll es getan werden?
- ◆ Warum soll es getan werden?
- ◆ Mit wem soll es getan werden?

Klare Kompetenzen

Um Ihre Aufgabe erfolgreich zu realisieren, brauchen Sie Klarheit über die Verteilung von Kompetenz und Verantwortung. Häufig übertragen Vorgesetzte einer Führungskraft die Verantwortung für eine Aufgabe, vergessen aber, dieser auch die notwendigen Kompetenzen zu geben. Dies kann unter Umständen zu einer sehr problematischen Situation führen. Man ist dann als Führungskraft für etwas verantwortlich, kann aber nicht ausreichend Einfluss nehmen. An solchen Aufgaben kann man schnell scheitern. Das „AKV"-Prinzip kann Ihnen hier helfen.

> Es beinhaltet, dass bei der Delegierung von Aufgaben stets Aufgabe, Kompetenz und Verantwortung in einer Hand liegen sollten.

Vielleicht waren Sie schon einmal in der Situation, dass Ihnen bei einer Besprechung mit dem Chef, eine Aufgabe zugeteilt und auch klare Verantwortlichkeiten geregelt wurden. Wenn Sie dann aber in einer ruhigen Stunde Zeit zum Nachdenken haben, fällt Ihnen plötzlich auf, dass im Gespräch nicht geklärt wurde, welche Ressourcen, Befugnisse und Kompetenzen Ihnen für die Erfüllung der Aufgabe oder des Projektes zur Verfügung stehen. Das AKV-Prinzip fordert, dass bei der Delegation einer Aufgabe die zu ihrer Erfüllung notwendigen Kompetenzen und die Verantwortung zugeordnet und geregelt werden.

Das AKV-Prinzip

Um eine Aufgabe erfolgreich auszuführen, sollten Sie, gemäß des AKV-Prinzips, mit der Aufgabe zugleich die für deren Verwirklichung erforderlichen

◆ Kompetenzen (Was darf ich entscheiden?) und die
◆ Verantwortungen (Wofür bin ich verantwortlich?) erhalten.

Dieser Dreiklang von Aufgabe, Kompetenz und Verantwortung wird auch als „Kongruenzprinzip" bezeichnet.

Als Führungskraft brauchen Sie:
◆ Entscheidungskompetenzen -
Was darf ich entscheiden?
◆ Mitsprachekompetenzen -
Wo darf ich mitreden?

- ◆ **Weisungskompetenzen** -
  Welche Weisungsbefugnisse habe ich?
- ◆ **Informationskompetenzen** -
  Welche Informationen stehen mir zu?
- ◆ **Mittelkompetenzen** -
  Über welche Mittel verfüge ich?
- ◆ **Kontrollkompetenzen** -
  Wen darf ich wie kontrollieren?

Versuchen Sie, als Führungskraft diese Kompetenzen einzufordern und zu klären.

Disziplinarische Verantwortung

Eigentlich ist es eine Selbstverständlichkeit, dass man als Führungskraft auch für die Mitarbeiter verantwortlich ist und die disziplinarische Verantwortung (Führungsverantwortung) hat. Disziplinarische Verantwortung beinhaltet:
- ◆ Mitarbeiter zu beurteilen,
- ◆ Einfluss auf die Vergütung zu haben,
- ◆ Weiterbildung zu steuern,
- ◆ eventuelle Disziplinarmaßnahmen anzuordnen.

In vielen Unternehmen gibt es die Trennung zwischen Fachvorgesetzten und einem disziplinarischen Vorgesetzten, was häufig dazu führt, dass der Fachvorgesetzte das Nachsehen hat. Er hat zwar die fachliche Verantwortung für ein Sachgebiet, darf aber den Mitarbeitern im Ernstfall nichts anordnen, sondern soll nur über seine Persönlichkeit und Fachkompetenz führen. Bei wohlwollenden Mitarbeitern funktioniert dies sehr gut, wenn es jedoch Konflikte oder Leistungsschwächen gibt, hat der Fachvorgesetzte wenig Einflussmöglichkeiten und muss sich Unterstützung beim disziplinarischen Vorgesetzten holen. Ein hohes Konfliktpotenzial ist hier angelegt. Versuchen Sie, als Führungskraft möglichst auch die disziplinarische Verantwortung zu bekommen. Sie haben es dann im Tagesgeschäft einfach leichter.

Folgende Befugnisse sind für Ihre Führungsaufgabe hilfreich und stärken Ihre Führung:

Mitarbeiterentwicklung

- ◆ Einstellen eigener Mitarbeiter (Beteiligung)
- ◆ Mitarbeiterbeurteilung
- ◆ Gehaltsfindung (Beteiligung)
- ◆ Einflussnahme auf die Mitarbeiterqualifikation
- ◆ Beförderung
- ◆ Entlassung

Mitarbeitersteuerung

- ◆ Regelung von Arbeitszeiten, Urlaub …
- ◆ Arbeitseinsatz
- ◆ Anwesenheits- und Pünktlichkeitskontrolle
- ◆ Dienstreisen, Schulungen, Seminare …
- ◆ disziplinarische Eingriffe (z.B. Abmahnungen)
- ◆ Mitarbeitergespräche und Arbeitsbesprechungen
- ◆ Unterstützung des Mitarbeiters bei Problemen

Viele Chefs lassen sich die eine oder andere Führungsaufgabe nicht gerne aus der Hand nehmen, weil Sie Angst vor Machtverlust haben.

Budgetverantwortung

Auch dies ist in vielen Unternehmen ein Dauerthema. Sie bekommen als Führungskraft zwar die Verantwortung für einen Bereich, dürfen aber noch nicht mal einen Bleistift selbstständig bestellen. Manchmal unterschreibt der Geschäftsführer persönlich bei einer Büromaterialbestellung. Oder Sie sind für ein Budget verantwortlich, haben aber keinen Einfluss darauf. Wenn Sie eine Abteilung oder ein Projekt zu verantworten haben, sollte Ihnen auch ein klares Budget zur Verfügung stehen. So können Sie Ihren Bereich leichter führen und haben mehr Eigenverantwortung.

7.3 Das Bypass-Problem

Ein häufig auftauchendes Problem, das Vorgesetzte mit ihren Vorgesetzten haben, ist das so genannte Bypass-Problem (Überbrückungsproblem). Sie haben beispielsweise die Führungsverantwortung, aber Ihr Chef nimmt immer noch gewisse Führungsaufgaben in Bezug auf Ihre Mitarbeiter wahr. Die Mitarbeiter führen beispielsweise Gespräche mit Ihrem Chef, von denen Sie nichts wissen.

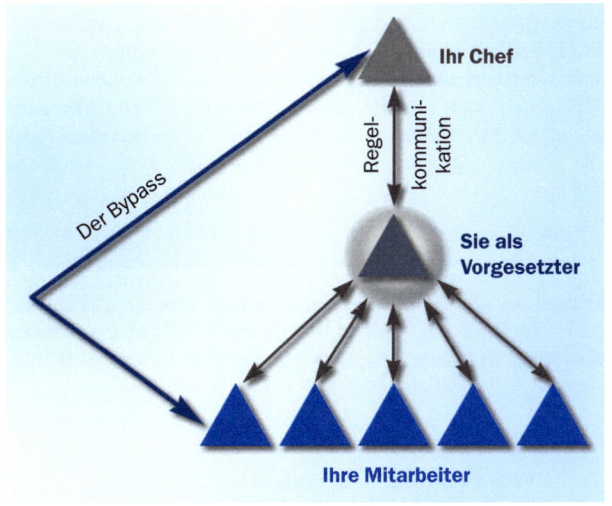

Das Bypass-Problem

Es werden Absprachen getroffen, die nicht in Ihrem Sinne sind oder Sie werden nicht über Absprachen informiert. Ihr Chef mischt sich immer wieder in Ihre Mitarbeiterführung ein, obwohl Sie eigentlich alleine dafür verantwortlich sind. Ursache hierfür kann sein, dass der Chef die Mitarbeiter früher selbst geführt hat oder enge Beziehungen zwischen dem Chef und einzelnen Mitarbeitern bestehen. Es kann auch sein, dass der Chef Ihnen die Führungsrolle nicht recht zutraut oder er seine Macht nicht abgeben will.

Die Folgen dieses Bypasses sind vielfältig. Der entscheidenste Nachteil ist, dass Sie in Ihrer Führungsrolle geschwächt sind. Wenn Ihre Mitarbeiter wissen, dass sie auch direkt mit Ihrem Chef verhandeln können, werden diese Sie in Zukunft vielleicht nicht mehr direkt aufsuchen, sondern sie werden Sie überspringen und direkt mit Ihrem Chef sprechen. Ihre Anweisungen und Entscheidungen werden immer weniger akzeptiert. Für die Mitarbeiter hat dies viele Vorteile. Sie können Sie beispielsweise gegen Ihren Chef ausspielen. Sie kennen dieses Phänomen auch aus der Kindererziehung: „Wenn Mama es nicht erlaubt, dann frage ich eben Papa." So spielen die Kinder die Eltern gegeneinander aus, wenn Sie etwas erreichen wollen.

> Wenn Sie merken, dass die Mitarbeiter Sie „bypassen" oder Ihr Chef Sie übergeht, versuchen Sie dies zu stoppen.

Führen Sie ein Gespräch mit Ihrem Chef über dieses Problem und zeigen Sie auf, welche Folgen es für Sie hat. Sie können dies auch in einem Gespräch mit Ihren Mitarbeitern thematisieren und deutlich machen, was Ihre Vorstellungen sind.

7.4   Wenn Ihr Chef kein Vorbild ist

Als Führungskraft wünscht man sich, dass der eigene Chef im Hinblick auf das Führungsverhalten Vorbild ist. Ist dies nicht so, kann dies Grund für Frust sein. Die Vorbildfunktion des Chefs wird ja auf jedem Führungsseminar hervorgehoben. Wie verhalten Sie sich, wenn aber ausgerechnet Ihr Chef nicht der vorbildliche Vorgesetzte ist, den Sie sich wünschen. Ihr Chef sollte Ihnen eigentlich Führung vorleben, so dass Sie sich etwas von ihm abschauen können. Was tun, wenn dieser z.B. ein eher wenig kommunikativer Typ ist, der sich nicht gerne mit anderen austauscht. Sie allerdings wollen viel Kommunikation mit Ihren Mitarbeitern. Versuchen Sie, hier klar Ihren eigenen Führungsstil zu finden, unabhängig von Ihrem Chef. Vielleicht müssen Sie sogar seinen eher unpopulären Stil gegenüber Ihren Mitarbeitern abfedern. Es bringt Ihnen ja nichts, wenn Sie seinen Stil imitieren und dann bei den eigenen Mitarbeitern eine Bauchlandung erleiden.

> Entwickeln Sie Ihren eigenen Führungsstil unabhängig von Ihrem Vorgesetzten.

Letztendlich werden Sie ja an Ihren Zielen gemessen, wenn die Zielerreichung stimmt, spricht dies auch für Ihren Führungsstil. Vielleicht hat Ihr Chef ja andere Qualitäten. Aus irgendwelchen Gründen ist er ja schließlich Ihr Chef geworden. Vielleicht ist er ja eher der fachliche Experte, der jedoch wenig soziale Kompetenz zeigt. Versuchen Sie, trotz unterschiedlichen Stils mit ihm zu kooperieren. Hierbei können Sie wiederum Ihre soziale Kompetenz unter Beweis stellen. Da es keinen perfekten Menschen gibt, gibt es auch keinen perfekten Vorgesetzten. Vielleicht sind Sie auch als Chef ausgewählt worden, um die fehlenden Qualitäten Ihres Chefs auszugleichen.

Anleitung zum Unglücklichsein im Umgang mit dem Chef

Am Ende des Buches möchten wir Ihnen wesentlichen Dinge noch einmal vor Augen führen. Etwas augenzwinkernd geben wir Ihnen dazu im Folgenden zehn Empfehlungen zur Verschlechterung Ihrer Vorgesetzten-Beziehung. Wenn Sie unbedingt unglücklich sein möchten, so kann Ihnen geholfen werden. Hier die wichtigsten Tipps:

1. **Ihr Chef ist an allem schuld**
   Die da oben sind der Grund allen Übels. Sie, als kleines Rad im Getriebe, können nichts ändern. Wenn Ihr Vorgesetzter sich ändert, wird alles besser. Mit dieser Einstellung können Sie lange auf eine Verbesserung warten.

2. **Sie verbünden sich mit anderen**
   Bilden Sie Jammerrunden mit anderen. Vermeiden Sie es, etwas Positives an Ihrem Chef zu entdecken. Sie können natürlich Ihren Chef auch gemeinsam fertig machen, bis er richtig seine Macht ausspielt.

3. **Sie bekriegen Ihren Chef**
   Warum sollten Sie nicht Ihren Chef bekriegen, indem Sie ihn auflaufen lassen, falsche Infos geben usw.? Wer dabei erwischt wird, wie er am Stuhl des Chefs sägt, kann immer mit einer Versetzung oder Schlimmerem rechnen.

4. **Sie versorgen Kollegen mit vertraulichen Informationen**
   Aus einem Gespräch mit dem Chef versorgen Sie die anderen oder gar den Betriebsrat mit vertraulichen Informationen. Dies führt meistens zu einer neuen Eiszeit in der Chefbeziehung.

5. Sie gehen Ihrem Chef aus dem Weg

Sie mögen Ihren Chef nicht und gehen ihm aus dem Weg. Kurzfristig o.K. Spätestens bei der nächsten Mitarbeiterbeurteilung bekommen Sie die Quittung.

6. Sie konkurrieren mit Ihrem Chef

Eigentlich sind Sie der Fachexperte und auch die bessere Führungskraft. Zeigen Sie dies offen in Anwesenheit anderer Kollegen. Wie Ihr Chef sich revanchiert, werden Sie früher oder später erfahren.

7. Sie „bypassen" Ihren Chef

Warum soll ich mich mit meinem direkten Vorgesetzten abgeben, wenn ich auch gleich eine Stufe höher gehen kann? Auch hier wird Ihr Chef sich überlegen müssen, wie er Sie in Ihre Schranken verweist.

8. Sie sprechen Ihre Unzufriedenheit nicht an

Sie sind unzufrieden, erzählen dies Kollegen oder auch dem Partner, aber Ihr Chef weiß davon nichts. Dies ist bestens geeignet, Ihre Unzufriedenheit zu festigen.

9. Sie spielen das Machtspiel

Bei einer Entscheidung Ihres Chefs setzen Sie alles daran, diese zu torpedieren. Nicht nur Kollegen, auch andere können Ihnen helfen. Es geht jetzt um Sieg oder Niederlage. Hoffentlich sind Sie der Stärkere.

10. Sie akzeptieren die Eigenheiten Ihres Chefs nicht

Eigentlich sollten Sie den perfekten Chef haben. Auch wenn Sie selbst Fehler haben, Ihr Chef sollte Vorbild sein, dafür bekommt er mehr Geld. Je mehr Sie sich auf die Fehler Ihres Chefs konzentrieren und diese nicht akzeptieren, umso weniger werden Sie das Gute sehen.

Auf den Punkt gebracht:

◆ Als Führungskraft müssen Sie zentraler Ansprechpartner sein, der zwischen unterschiedlichen Interessen ausgleichen muss. Auch wenn unliebsame Entscheidungen von oben kommen, haben Sie verschiedene Gestaltungsmöglichkeiten.

◆ Um Ihre Mitarbeiter gut zu führen und Ihre Projekte zu realisieren, brauchen Sie gute Rahmenbedingungen.

◆ Fordern Sie von Ihrem Chef klare Ziele und Aufträge ein.

◆ Klären Sie, sobald Ihr Vorgesetzter Ihnen eine Aufgabe erteilt, Ihre Kompetenzen und Verantwortlichkeiten. Nutzen Sie das AKV-Prinzip.

◆ Wenn Sie als Führungskraft die volle disziplinarische Verantwortung haben, macht Ihnen dies die Ausübung Ihrer Führungsaufgabe leichter.

◆ Vermeiden Sie, dass Ihr Chef in erheblichem Maße auf Ihre Mitarbeiter direkt zugreift (Bypass-Problem). Thematisieren Sie ggf. dieses Problem in einem persönlichen Gespräch.

◆ Auch wenn es wünschenswert wäre, muss Ihr Chef Ihnen nicht die ideale Führung vorleben. Sie selbst sind für die Führung Ihrer Mitarbeiter verantwortlich.

Literaturverzeichnis

Blankertz, S.: Wenn der Chef das Problem ist. Wuppertal 2004

Doubrawa, E./Blankertz, S.: Einladung zur Gestalttherapie. Wuppertal 2000

Gordon, T.: Managerkonferenz. München 2005

Kurtz, R./Prestera H.: Botschaften des Körpers. München 2005

Leymann, H: Mobbing. Reinbeck 2002

Malik, F.: Führen, Leisten, Leben. München 2001

Rosenberg, M. B.: Gewaltfreie Kommunikation: Eine Sprache des Lebens. Paderborn 2004

Schulz von Thun, F.: Miteinander reden. Reinbeck 2003

Schmidt, G.: Liebesaffären zwischen Problem und Lösung. Heidelberg 2004

Simon, F. B.: Zirkuläres Fragen. Heidelberg 2002

Smith, M.: Sag Nein ohne Skrupel. Frankfurt 2003

Sollmann, U.: Management by Körper. Reinbeck 1999

Steiner, C.: Macht ohne Ausbeutung. Paderborn 1998

Stewart, I./Joines, V.: Die Transaktionsanalyse. Freiburg 2000

Watzke-Otte, S.: Selbstmanagement. Berlin 2005

Stichwortverzeichnis

Autorenvorstellung

Ingo Krawiec ist seit 18 Jahren als Trainer, Coach und Berater tätig. Als Diplom-Ökonom arbeitete er nach einem Studium der Wirtschaftswissenschaft und Sozialpsychologie als Personalentwickler und Gruppenleiter bei Procter & Gamble. Seit 1993 ist er selbstständig und Geschäftsführer des Trainingsinstituts Krawiec Consulting.

Den Hintergrund seiner Tätigkeit bilden seine Ausbildungen in Systemischer Beratung und Gestalttherapie. Seine Trainings zeichnen sich durch ein hohes Maß an Praxisnähe aus.

Er führt Trainings und Workshops zu folgenden Themen durch:
◆ Führung
◆ Gesprächsführung
◆ Selbstmanagement
◆ Train the Trainer
◆ Präsentation
◆ Umgang mit Vorgesetzten

Er ist Autor zahlreicher Veröffentlichungen im Internet und hat für über 100 verschiedene Unternehmen und Organisationen gearbeitet.

Krawiec Consulting
Ingo Krawiec

info@krawiec.de
www.krawiec.de
www.umgang-mit-vorgesetzten.de

Auuus-
aaatmeeen …

Jörg-Peter Schröder/Reiner Blank
Stressmanagement

128 Seiten, kartoniert
ISBN 3-589-21930-0

Woran liegt es, dass manche besser mit Stress umgehen können als andere? Dieser Band erklärt es. Und auch, wie man lernt, Stress situations- und persönlichkeitsgerecht in den Griff zu bekommen sowie individuelle Ursachen zu erkennen.

POCKET BUSINESS

Abmahnung und Kündigung
ISBN 3-589-21946-7

Arbeitszeugnisse
ISBN 3-589-21958-0

Bilanztechniken
ISBN 3-589-21900-9

Buchführung
ISBN 3-589-21917-3

Businessplan
ISBN 3-589-21918-1

Deckungsbeitragsrechnung
ISBN 3-589-21954-8

Ego-Marketing
ISBN 3-589-23410-5

Einnahmenüberschussrechnung, 2., üb. Aufl.
ISBN 3-589-23420-2

Erfolgreich telefonieren
ISBN 3-589-21926-2

Event-Marketing
ISBN 3-589-21949-1

Gekonnt schreiben im Beruf
ISBN 3-589-23440-7

POCKET BUSINESS ist die Reihe für alle, die beruflich weiterkommen wollen und dafür konzentrierte informationen suchen. Erhältlich im Buchhandel.